반드시 다가올 미래

반드시 다가올 미래

〰〰 한눈에 이해하는 기후 변화 이야기 〰〰

남성현 지음

포르체

이 책은 소설책이 아니라 과학책이다. 흔히 미래 이야기를 하면 소설로 치부한다. 정확한 미래는 누구도 알 수 없고 불확실하기 때문이다. 그러나 오늘날 기후는 그 변화 방향이 너무나도 뚜렷하고, 현재까지 인류의 대응은 안일했으며, 계속 지금처럼 살면 어떤 미래가 다가올지 분명하게 과학적으로 전망할 수 있다. 막연한 추측이 아니라 과학적 사실로 전망되는 미래는 암울하며 점점 이 현실을 피부로도 느끼는 사람들이 늘어나고 있다. 두려움 속에 불안한 미래를 기다리기보다는 우리가 사는 지구환경의 과학 상식을 통해 분명한 미래 기후를 제대로 알고 바르게 대처하길 바라는 마음이다.

한때 기후변화의 원인을 두고 산업화 이후 인간 활동에 의한 인위적 성격인지 아니면 인간 활동과 무관하게 나타나는 자연적인 기후변동성의 일환인지를 두고 소모적 논쟁이 과열되었던 시절도 있었다. 그러나 그동안 밝혀진 수많은 과학적 발견과 함께 주류 과학자들은 이제 더 이상 인간 활동에 의한 인위적 기후변화를 부정하지 않는다. 이미 과학계에서는 논쟁이 끝난 지 오랜 해묵은 기후변화 회의론climate skepticism이 대중들에게는 여전히 남아 있는데, 아마도 그것은 두 가지 이유 때문일 것이다. 첫째는 상식이 된 기후변화에 대한 과학적 사실들을 대중의 언어로 풀어내는 과학자들의 노력이 부족했다는 점이고, 둘째는 불편한 진실을 모두가 현실이라 믿지 않고 그 심각성을 외면하고 싶은 불안한 마음이라는 점 아닐까 싶다.

이 책에서는 인류가 발견한 과학적 사실들을 근거로 기후변화가 왜 기후위기에서 나아가 기후비상까지 이르게 된 것인지, 미래 지구는 어떻게 전망할 수 있고, 암울한 미래 기후가 받을 피해를 최소화하며 지속 가능한 발전을 위해 인간과 지구의 공존 해법은 무엇인지를 핵심 키워드 중심으로 소개하고자 한다. 인디언 속담에 "지구는 선대로부터 물려받은 것이 아니라, 후대로부터 빌려온 것이다"라는 말이 있다. 기후변화를 현실이라고 인식한 첫 세대이자 해결할 수 있는 유일한 세대인 우리에게 바로 오늘 그리고 내일의 지구환경에 대한 책임이 있다.

○ **차례**

 1장 **지구인이라면 알아야 할**

기후 기초 용어

2장 **지구를 위해 반드시 알아야 할**
기후 상식

3장 우리에게 갑자기 들이닥친
기후재앙

4장 반드시 다가올 미래

5장　지구를 위한 발걸음

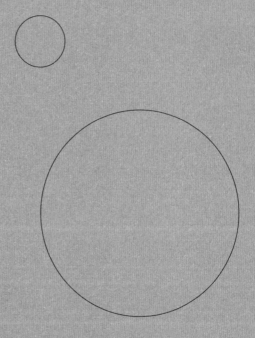

1장

지구인이라면
알아야 할
기후 기초 용어

기상과 기후,
도대체 무슨 차이일까?

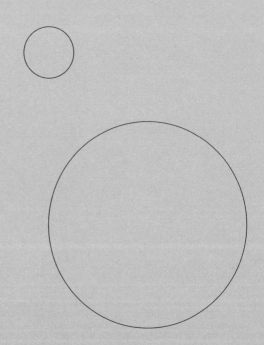

기상과 기후는 서로 다른 것인가요?

네, 완전히 다른 개념입니다. 종종 기후를 매일매일 바뀌는 기상(날씨)과 혼동하는 경우를 봅니다. 하루에도 기온이 10도 이상 오르내리고, 계절에 따라 20도 이상 기온이 변하기 때문에 피부로 잘 느끼기도 어려운 1도, 2도의 지구온난화를 심각하다고 이야기하는 과학자들의 주장이 잘 와닿지 않는다는 것이지요. 그런데, 사실 지구온난화와 같이 기후변화를 이야기할 때의 1도는 기상에서의 1도와 전혀 다른 의미라서 기후와 기상을 서로 구분하는 것은 매우 중요합니다.

기후는 시시각각 바뀌는 기상과 달리 최소 30년의 평균값을 기준으로 해당 지역의 종합적인 상태를 나타내는 개념입니다. 따라서 매일 큰 일교차를 보이고 계절이 바뀌면서 연교차가 크게 벌어지더라도 잘 바뀌지 않습니다. 예를 들면, 아침 최저 기온이 영하 10도까지 떨어졌다가 낮 최고 기온이 영상 10도까지 오르는 큰 일교차를 보이는 것은 기상변화를 의미하는 것이지 기후변화는 아닙니다. 그러나 과거 수십 년 동안 1월 아침 최저 기온과 최근 수십 년의 1월 아침 최저 기온을 평균하여 비교한다면 더 이상 기상변화가 아니라 기후변화를 의미하게 됩니다.

기후가 변화했다는 것은 이처럼 과거 장기간의 평균 상태와 최근 장기간의 평균 상태 사이에 차이가 존재함을 의미합니다. 1950년대 평균 기온과 2020년대의 평균 기온이 일정하지 않고 뚜렷하게 차이를 보이기 때문에 기후가 변화했다고 부르는 것입니다. 장기간 평균을 취했을 때 거의 일정하게 유지되었던 기후가 산업화 이후에는 인간 활동 때문에 과거와 다른 장기간 평균값을 보이기 때문에 기후변화를 이야기하는 것입니다.

기후가 변화하면 기상에도 영향을 미칠까요?

기후와 기상이 서로 영향을 주고받을 수 있습니다. 기후가 변화하면 매일매일 기상에도 그 영향이 발생할 수 있고, 반대로 기상변화가 누적되어 기후에도 영향을 미칠 수 있습니다. 산업화 이전 평균 기온과 2020년대 평균 기온이 뚜렷한 차이를 보이는 것과 동시에 산업화 이전에 경험하기 어려웠던 기상현상이 2020년대에는 훨씬 자주, 더욱 극심하게, 그리고 더 오랜 기간 지속되는 것을 확인할 수 있습니다. 이러한 **기상이변**을 최근 더 자주 경험하게 된 것도 기후변화와 무관하지 않습니다.

예를 들어 기후변화로 인해 특히 '사상 초유'의 폭염이 더 자주 발생한다는 연구 결과는 널리 알려졌습니다. 과거보다 폭염이 심해지고 있는 점은 전 지구적인 현상으로, 한반도 역시 자유롭지 않습니다. 서울 최고 기온은 최근 39도를 넘었고, 평균 폭염 일수도 연간 31일 이상, 열대야 일수도 연간 17일 이상을 기록하는 중입니다. 폭염으로 인한 온열질환자가 매년 수천 명이고 이에 따라 경제적 피해 규모도 증가 추세입니다.

과학자들은 앞으로 기록적인 폭염이 더욱 잦아질 것으로 보고하는데, 기후변화 없이는 폭염의 잦은 발생 원인을 설명할 수 없습니다. 폭염 발생 일수 혹은 발생 확률이 산업화 이전보다 훨씬 높아졌으며, 앞으로도 이런 추세를 되돌리기는 어려워 보입니다. 즉, 과거에는 수십 년 만에 한 번씩 나타났던 극심한 폭염이 앞으로는 매년 발생한다는 것입니다.

기후변화와 함께 전반적으로 기온이 상승함과 동시에, 전례 없는 기록적 수준의 폭염 피해가 발생하는 조건으로 변화하고 있습니다. 특히 2010년대 중반 이후 북반구 곳곳에서 사상 초유의 폭염이 빈번해지기 시작했으며, 각종 역대 최고 기온 기록을 갈아치우는 중입니다. 2018년 여름에 유럽과 북미 대륙, 아시아에서 역대 최고 기온을 갱신하는 일이 속출했는데, 바로 다음 해에 영국, 프랑스 등에서 또 기존 최고치를 갱신했고, 2020년 여름에는 시베리아 폭염으로 역대 기록이 다시 바뀌었습니다. 2021년 여름에도 미국과 캐나다에 매우 심각한 폭염이 발생하며, 해당 지역의 오랜 최고 기온 기록이 평년 같은 기간에 비해 무려 섭씨 5도 차이까지 날 정도로 심하게 갱신했습니다. 2022년에도 인도에서는 기록이 시작된 1901년 이래 가장 더운 3월을 보냈으며, 5월이 되자 낮 기온이 40도를 넘는 날들이 이어졌고 델리 지역은 50도까지 치솟는 일이 벌어졌습니다.

흔히 기네스북에 나오는 최고 기록이나 스포츠 선수들의 세계 신기록 등은 좀처럼 갱신되지 않고 오랜 기간 유지되는데, 갱신되더라도 매우 근소한 차이로 갱신되는 것이 보통입니다. 그러나 오늘날 기후변화와 함께 나타나고 있는 폭염 기록은 마치 스포츠 선수가 스테로이드 같은 약물 복용 후 이전 기록을 압도적으로 넘어서는 것과 같다고 할 수 있습니다.

폭염 외에도 오늘날 각종 기상이변이 더 빈번하게 발생하고 있는 점과 여러 자연재해의 특성이 변화하고 있는 점 모두 기후변화를 원인으로 여기고 있습니다. 그러나 기후변화가 미치는 영향이 과학적으로 전부 밝혀진 것은 아닙니다. 최근 발생 중인 기상 과정이 모두 다 기후변화의 영향이라고만 볼 수도 없습니다. 과학자들은 기후변화가 오늘날 각종 기상 현상에 미치는 영향을 연구 중이며, 일부는 기상 예보에 사용되는 것과 유사한 수치모델을 통해 그 영향을 확인하고 있습니다. 다만 많은 기상현상들은 아직 수치모델에서 잘 확인되지 않고 그저 영향을 미칠 수 있는 메커니즘에 대한 이론적 수준의 연구가 완전히 진행되지는 않았습니다. 이와 별개로 시간이 지날수록 기온과 강수량 기록은 점점 극단적으로 변하고 자연재해 피해 기록은 증가하고 있습니다. 인류의 지식 수준이나 이해 정도와 상관없이, 지구환경이 악화되었다는 것만큼은 외면할 수 없는 현실입니다.

지구의 체온을 재는 법

- 지구 평균 온도

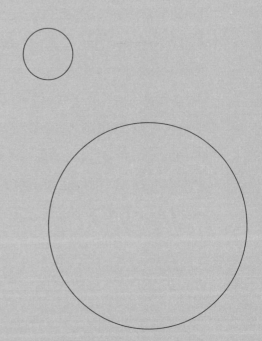

지구 평균 온도가 상승하면 어떤 일이 일어나나요?

　　기후변화를 말할 때, 지구 평균 온도가 점점 올라가는 지구온난화(또는 지구가열화)가 진행 중이라고 합니다. 사실 북반구에서 온도가 오르는 7, 8월에 남반구는 온도가 내려가며, 반대로 북반구가 다시 온도가 내려가는 1, 2월에는 남반구에 온도가 오릅니다. 서로 상쇄해주며 지구 평균 온도를 일정하게 유지하는 것이지요. 또, 우리나라가 위치한 동아시아 부근에서 한낮에 온도가 오르는 동안 지구 반대편인 아메리카 대륙은 한밤중이므로 온도가 내려갑니다.

　　이처럼 지구의 자전과 공전에 따른 자연스러운 결과로, 지구 한쪽에서 온도가 올라가는 동안 다른 쪽에서는 온도가 내려가며 지구 평균 온도는 거의 일정하게 유지됩니다. 따라서 지구온난화에서 말하는 지구 평균 온도의 상승은 이처럼 공간적으로 상쇄된 온도가 상승하고 있는 기이한 현상입니다.

　　장기간 평균에 해당하는 기후의 온도 개념으로 지구 평균 온도를 생각하면 더더욱 변하기가 어렵습니다. 태양으로부터 지구 사이의 유입 에너지와 유출 에너지 사이의 평형 상태에 따라 섭씨 14~15도의 지구 평균 온도가 유지됩니다. 만약 지구 평균 온도가 더 이상 일정하지 않다고 하면 두 에너지 중 적어도 하나, 혹은 두 복사에너지 모두 시간에 따라 변했다는 것입니다.

태양 주위를 공전하고 있는 지구의 궤적이나 태양까지의 거리 등은 비록 작은 변화를 겪지만 수십 년, 수백 년 동안 거의 일정하게 유지되고 있습니다. 이렇게 태양에서 가까워지거나 멀어지지 않고 오랫동안 일정한 거리를 두고 공전하고 있는 지구에서 그 평균 온도가 장기간에 걸쳐 오르거나 내리는 일은 일어나기 쉽지 않죠. 그럼에도 오늘날 지구 평균 온도는 과거 100년 전에 비해 분명 높아진 상태라고 하니 이상하다고 여길 수 있습니다.

오랜 기간 일정하게 유지되고 있었던 지구 평균 온도가 올라가면서 과거에 경험하지 못했던 기상이변이 속출하고 각종 자연재해 피해 규모가 날로 증가하고 있습니다. 폭염과 한파, 극한의 강수량과 극심한 가뭄까지 지구 곳곳에서 동시다발적으로 발생하지요. 지구온난화는 그저 온도가 조금 오르고 마는 문제가 아닙니다. 각종 기상이변과 함께 수천만 명의 이재민을 만드는 홍수, 생태계를 심각하게 파괴하는 대규모 산불 등을 동반하는 무시무시한 현상이기에 기후위기, 기후비상이라 부르는 것입니다.

지구 평균 온도를 어떻게 알 수 있을까요?

오늘날에는 수천 개의 지상 및 해상 측정소에 설치된 온도계가 시시각각 기온을 측정하고 있으며 수많은 인공위성을 통해 지구 평균 온도를 정밀하게 측정하고 있습니다. 하지만 측정하기 이전, 과거의 지구 평균 온도는 과거로 되돌아가지 않는 한 직접적으로 알아낼 방법이 없습니다. 과학자들은 온도를 측정하기 이전의 지구 평균 온도를 간접적으로라도 추정하기 위해 다양한 지시자proxy를 사용하는데, 나무의 나이테, 바닷속 산호, 빙하코어ice core에서 추출한 깊은 얼음 속의 기체 등이 그런 예입니다. 이들을 분석하면 과거 수십만 년 전부터 현재까지 지구 평균 온도가 어떻게 변해왔는지를 합리적으로 추정할 수 있습니다.

많은 측정소에서 온도를 측정하여 지구 평균 온도를 정밀하게 알아내는 과정은 그리 간단하지 않습니다. 우선 일관된 방식으로 장기간 지속적인 온도 측정이 이루어져야만 합니다. 또, 지역마다 지구온난화 속도가 다르므로 지구 평균 온도를 정확히 알아내기 위해서는 지구상 곳곳의 서로 다른 위치에서 동시에 측정이 이루어져야 합니다. 게다가 측정소 위치가 특정 지역에만 편중되어 있으면 대표성에 문제가 있으므로 단순히 많은 곳에서 측정이 이루어진다고 해결되는 것도 아닙니다. 오늘날에는 8천 개가 넘는 지상 및 해상 측정소에서 시시각각 온도를 기록하고 있으나 그 위치가 지표면과 해표면 위에 골고루 균일하게 분포하는 것은 아닙니다. 때문에 지역별로 적절한 대표성을 가지도록 통계적인 분석을 통해 좀 더 사실적인 지구 평균 온도를 추산해야만 합니다.

인공위성으로 지구 표면 온도를 측정하는 방식은 접근하기 어려운 지구상의 오지를 포함하며 지구 표면을 골고루 균일하고 지속적으로 측정하는 장점이 있습니다. 하지만 현장 관측과 달리 간접적인 원격탐사 방식을 사용하기 때문에 그 정확도를 검증하기 위해서는 반드시 지상 및 해상 측정소의 현장 관측 결과와 교차 검증할 필요가 있습니다.

과학기술의 발달과 함께 오늘날에는 매우 다양한 인공위성 탑재 센서들로 지구 표면 온도를 점점 더 정밀하게 추산하여 비교 검증하고 있습니다. 장기간에 걸친 지구 평균 온도의 측정을 통해 지구온난화 정도를 더욱 정확하게 감시, 분석할 뿐 아니라 지역별 지구온난화 속도의 차이, 특히 어느 지역에서 유독 빠르게 온난화가 진행 중인지도 과거에 비해 더 정확하게 알아내고 있습니다.

1억 5천만 km를 지나 지구로

- 복사에너지

복사에너지가 무엇인가요?

우리가 쉽게 느끼지는 못해도 온도를 가진 모든 물체는 전자기파와 중력파 에너지를 방출하는데, 이를 복사에너지라 합니다. 그 대표적인 예가 바로 태양에서 나오는 **태양 복사에너지**입니다. 이 태양 복사에너지는 지구를 살아 움직이도록 만드는 에너지의 근원이라 할 수 있지요. 위도와 계절에 따라 태양 고도가 변화하므로 지구 표면에 유입되는 태양 복사에너지양도 계속 변하게 됩니다. 즉, 태양 고도가 높은 저위도에서는 주로 머리 위에서부터 거의 수직으로 향하는 태양광에 의해 단위 면적 당 태양 복사에너지가 지구 표면에 많이 공급되는 반면, 태양 고도가 낮은 고위도에서는 비스듬히 옆으로 기울어진 방향으로 향하는 태양광에 의해 단위 면적 당 태양 복사에너지가 적게 공급됩니다. 또, 같은 지역에서도 여름에 태양 고도가 높을 때 더 많은 양의 태양 복사에너지가 유입되고, 겨울에 태양 고도가 낮을 때 더 적은 양의 태양 복사에너지가 유입됩니다. 그러나 지구 전체적으로는 거의 일정한 양의 연평균 복사에너지가 태양에서 유입되고 있습니다.

만약 태양 복사에너지를 받기만 하고 지구에서부터 우주로 복사에너지를 전혀 내보내지 않는다면 어떻게 될까요? 지구에 열에너지가 점점 더 모여 지구 평균 온도가 한없이 올라가겠지요. 실제로 그런 일이 발생하지 않는 이유는 지구에 도달한 태양 복사에너지만큼 지구에서 우주로 복사에너지를 내보내기 때문입니다. 이렇게 지구에서 우주로 유출되는 복사에너지를 **지구 복사에너지**라고 합니다. 두 단어가 헷갈린다면 에너지가 태양에서 출발해서 태양 복사에너지, 지구에서 출발해서 지구 복사에너지라고 생각하면 좋습니다. 지구 평균 온도를 일정하게 유지하는 것은 바로 지구로 유입된 태양 복사에너지양과 우주로 유출된 지구 복사에너지양이 균형을 이루고 있기 때문입니다. 물론 지구 내에서 저위도의 어떤 지역은 태양 복사에너지가 더 많이 유입되고, 고위도의 어떤 지역은 지구 복사에너지가 더 많이 유출되나 지구 전체적으로는 차이가 거의 없어 일정하게 유지된다는 의미입니다.

지구로 유입하는 태양 복사에너지의 일부는 대기 중에서 대기 구성 물질에 따라 산란, 반사, 흡수되고 나머지는 대기를 통과하여 지표면에 도달하게 됩니다. 지표면에서도 태양 복사에너지가 모두 흡수되는 것은 아닙니다. 지표면에서 다시 복사에너지를 반사시키는데 지표면 특성에 따라 복사에너지가 반사되는 비율이 다릅니다. 이 반사되는 비율을 '알베도'라고 하는데 지역마다 크게 차이가 나기도 합니다. 지구 전체적으로는 태양 복사에너지의 약 30% 정도가 직접 반사되고, 나머지 70% 정도는 대기와 구름에 흡수됩니다.

지구에 흡수된 70% 정도의 태양 복사에너지만큼이 지표면에서부터 유출되는 지구 복사에너지인데요, 이 중 상당 부분은 대기와 구름에 흡수되거나 반사되어 지표면으로 되돌아옵니다. 대기와 구름에서부터 우주로 유출되는 복사에너지와 지표면에서부터 직접 유출되는 복사에너지를 합한 양이 지구 전체적으로 흡수된 태양 복사에너지양과 균형을 이루면서 지구 평균 기온을 일정하게 유지해 줍니다.

그런데 오늘날 지구 평균 온도가 일정하지 않고 점점 증가하는 것은 바로 이러한 태양 복사에너지와 지구 복사에너지 사이의 균형(복사 수지)이 바뀌었기 때문입니다. 태양으로부터 지구로 유입하는 태양 복사에너지양은 비교적 큰 변화가 없었던 반면, 지구로부터 우주로 유출하는 지구 복사에너지는 계속해서 줄어들고 있어 지구 전체적으로 복사 열에너지가 축적되며 지구온난화가 진행 중인 것입니다.

지구 평균 온도 상승과 태양 활동은 관계가 없나요?

오랜 지구의 역사에서 지구 생명체의 생존을 위해 필수적인 태양 복사에너지양은 항상 일정했던 것이 아니라 계속 변해 왔습니다. 이것은 태양 활동을 측정하는 기준이 되는 흑점의 개수와 관련됩니다. 태양 활동이 활발해져 흑점이 많아지거나 잠잠해져 흑점이 적어질 때, 지구로 유입하는 태양 복사에너지양의 증감이 나타나 기후를 변화시킬 수 있습니다. 과거 소빙하기에는 태양 활동이 잠잠해져 지구로 유입하는 태양 복사에너지양이 적었던 것으로 알려져 있기도 합니다.

그러나 태양 활동만으로는 오늘날 급격히 지구 평균 온도가 상승하고 있는 인위적 지구온난화를 설명할 수 없습니다. 흑점의 개수는 11년 주기로 변화를 겪고 있어서 이를 태양흑점주기라고 합니다. 태양흑점주기와 지구 평균 온도의 지난 100년여간의 변화를 비교해 보면 직접적인 상관관계를 찾아보기 어렵습니다. 지구 평균 온도가 그동안 11년 주기로 증감을 반복한 것이 아니라 지속 상승했기 때문입니다. 과학자들은 1905년부터 2005년까지의 지구 평균 온도 상승의 단지 약 10% 정도만을 태양 활동 요인으로 추정하고 있으며, 2005년 이후 10여 년 동안 더 빠르게 상승한 지구 평균 온도는 태양 활동의 변화로 잘 설명되지 않습니다. 즉, 태양 복사에너지양의 변화는 오늘날 나타나는 지구온난화의 주요 원인이 아니라고 할 수 있습니다.

지구로 유입하는 태양 복사에너지양을 변화시키는 것은 태양 활동 외에 다른 요인들도 있습니다. 태양 주변을 도는 지구의 공전 궤도는 타원형인데, 이에 따라 지구와 태양 사이의 거리가 달라져 지구에 도달하는 태양 복사에너지양을 변화시킵니다. 또, 지구 자전축의 경사각이 22.1도에서 24.5도까지 약 4만 년을 주기로 변하는 점과 자전축의 방향이 멀리 있는 행성을 기준으로 원의 궤적을 그리며 약 2만 6천 년 주기로 변하는 점(세차 운동)도 태양 복사에너지양의 증감을 가져올 수 있습니다. 세르비아의 과학자 밀란코비치의 이름을 따서 **밀란코비치 이론**으로 부르는 이 이론은 몇몇 문제점들에도 불구하고 지구 공전 궤도 이심률과 자전축 경사각 변화, 세차 운동에 따른 태양 복사에너지 변화로 지구의 고기후 연구 결과를 상당 부분 설명하기도 합니다. 그러나 이 이론 역시 산업화 이후 최근의 지구온난화를 설명할 수는 없습니다.

태양 활동과 지구 공전 궤도 등의 변화 외에도 지구 내에서의 자연적인 과정으로 기후가 변화할 수 있습니다. 대표적인 것이 화산 폭발 같은 지각 내부 활동입니다. 거대한 화산이 폭발하여 많은 양의 화산재가 분출하면 일부는 대류권을 통과하여 더 높이 올라 성층권에까지 도달 후 상공에서 수년간 머무르기도 합니다. 그런데 성층권에 이산화황과 같은 화산재 성분이 장기간 머물면서 지구로 유입하는 태양 복사에너지를 차단하면, 지구 평균 기온이 낮아지는 지구 냉각화가 발생할 수 있습니다. 만약 화산재가 이산화탄소와 같은 온실가스 위주로 구성되어 있다면 지구에서 우주로 유출하는 지구 복사에너지를 차단하여 온실효과를 통해 지구온난화를 일으킬 수 있습니다. 하지만 이산화황과 같은 미세 부유물질 성분은 파장이 짧은 단파복사 에너지인 태양 복사에너지를 차단하여 지구온난화보다는 지구냉각화에 기여합니다. 실제로 1991년에 필리핀 피나투보 화산이 폭발하면서 2천만 톤의 이산화황이 분출되어 성층권에 1년 이상 머물게 되었는데, 이 기간에 지구 평균 기온이 0.2~0.5도 낮아지기도 했습니다.

코로나19 이후에도
지구는 뜨거워지고 있다

- 온실가스와 지구온난화

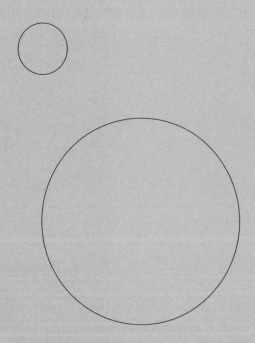

왜 지구의 복사에너지 증가량이 감소량보다 점점 커지나요?

만약 지구에 수증기 및 이산화탄소, 오존O_3, 아산화질소N_2O, 메테인CH_4 등의 가스로 채워진 대기가 없다면 우주로 유출되는 지구 복사에너지 중 다시 반사되어 지표면으로 되돌아오는 부분이 없을 것입니다. 따라서 지구에 붙잡아 둘 수 있는 열에너지가 거의 없어서 낮에는 매우 뜨겁고 밤에는 매우 차가운 지구가 되었을 것이며, 지구 평균 기온도 지금보다 섭씨 33도나 더 낮았을 것입니다. 이처럼 지표면에서 우주로 유출되는 복사에너지를 흡수했다가 다시 지표면으로 되돌려 보내주며 지구를 따뜻하게 유지하는 효과를 **온실효과**라고 합니다. 태양 복사에너지를 받은 만큼 지구 복사에너지가 우주로 원활히 빠져나가지 못해 따뜻해지는 현상이 온실을 데우는 원리와 비슷하니 그렇게 불립니다. 온실효과는 지구 평균 온도가 섭씨 14-15도 정도로 유지될 수 있도록 해주며 덕분에 인류가 지구에 거주할 수 있습니다. 이렇게 온실효과를 가져오는 기체를 **온실가스**(온실기체)라고 부릅니다.

온실효과는 과거에도 작동했고 오늘날에도 작동 중이지만, 산업화 이후 인간 활동으로 배출된 온실가스 때문에 대기 중 온실가스 농도가 점점 높아졌습니다. 이에 따라 원래 작동하던 자연적인 온실효과보다 강화된 온실효과에 의한 복사에너지 수지의 불균형을 통해 **지구온난화**가 나타나게 된 것입니다. 건조한 맑은 하늘의 대기는 대부분 질소(78%)와 산소(21%)로 구성되어 있고 대기 중 온실가스 농도는 극히 낮으나 이들은 온실효과를 통해 지구온난화를 가져오는 중요한 요인입니다.

대기 중 이산화탄소 농도는 하와이 마우나로아 관측소에서 측정을 시작한 1958년부터 오늘날까지 단 한 번도 장기 상승 추세가 꺾인 적 없이 우상향의 그래프를 그리며 지속 증가했습니다. 심지어 코로나19 효과로 전 세계 이산화탄소 배출량이 2020년에 일시적으로나마 꽤 줄어들었지만 대기 중 이산화탄소 농도 증가 추세를 바꾸기에는 역부족이었습니다. 이러한 추세를 바꿀 정도가 되려면 상당한 정도의 탄소 배출 감축을 오랜 기간 지속해야만 합니다. 동일한 양의 이산화탄소가 지구온난화에 기여하고 있는 온실효과는 메테인이나 아산화질소에 비해 월등히 작습니다. 그러나 실제 대기 중 이산화탄소 농도는 다른 온실가스에 비해 훨씬 높아 전체적으로 이산화탄소 배출이 인위적인 온실효과의 76%를 설명할 정도로 큽니다.

이처럼 산업화 이후 화석연료 사용 등 인간 활동은 이산화탄소를 비롯한 온실가스를 지속적으로 배출했습니다. 오늘의 지구 온난화는 이산화탄소 등의 온실가스가 대기 중 오랜 기간 체류해 복사에너지 수지에 변화를 가져와 발생하는 중입니다. 전 세계 이산화탄소 배출량의 가장 큰 부분을 차지하는 것은 석탄, 석유, 천연가스 같은 화석연료의 연소에서 비롯됩니다. 나머지는 토지 사용 방식을 바꾸거나 시멘트를 생산하는 등의 활동과 관련이 있다고 합니다. 에너지 생산에서부터 교통과 산업 등 다양한 부문에 이르기까지 오늘날에는 화석연료 연소 없이 삶을 영위할 수 없을 정도로 인류의 탄소 의존도가 매우 높은 상태입니다. 사실 산업화 이후 탄소 기반으로 문명을 이룩했다고 해도 과언이 아닐 정도로 우리는 탄소 기반 경제 활동에 익숙합니다. 문제는 이 과정에서 대기 중 온실가스 농도를 지속해서 올리면서 지구 온난화를 비롯한 각종 기후변화 문제를 '인위적으로' 만들고 있다는 점입니다.

인간의 개입을 배제한 자연적인 요인만으로는 오늘날 나타나고 있는 매우 빠른 수준의 지구 평균 온도 상승을 설명할 수 없습니다. 실제로 지난 100년간 약 1도의 지구 평균 온도 상승이 있었는데, 이것은 자연적인 요인에 의한 지구 평균 온도의 변화폭과 그 변화 속도(수백~수천 년에 걸쳐 약 0.1도 변화)를 훨씬 넘어서는 것입니다. 산업화 이후 대기 중 온실가스 농도의 급격한 증가에 따른 인위적 온실효과로만 설명할 수 있습니다.

이산화탄소뿐만 아니라 다른 온실가스들도 인간 활동을 통해 지속 배출됩니다. 화석연료 사용이나 가축 사육, 매립된 쓰레기의 분해 과정 등에서 대기 중으로 배출되는 메테인이 대표적입니다. 또 농업 부문에서는 비료에 포함된 질소화합물이나 농경지의 박테리아 등으로 인해 아산화질소 배출이 문제로 알려져 있습니다.

2015년 각국의 이산화탄소 배출량을 비교하면 중국은 전체 배출량의 29%를 차지하여 미국(14%)과 유럽연합(10%)의 배출량을 합친 것보다도 많습니다. 그러나 1918년부터 2012년까지 각국의 이산화탄소 누적 배출량은 미국이 26%, 유럽연합이 22%, 중국이 12%, 러시아가 8%로서 중국보다 미국과 유럽연합의 책임이 더 큰 것을 알 수 있습니다. 하지만 이산화탄소 같은 온실가스는 대기 중 머무르는 잔류 시간이 매우 길어서 현재 배출량만으로 각국의 책임을 묻는 것은 정당하지 않습니다.

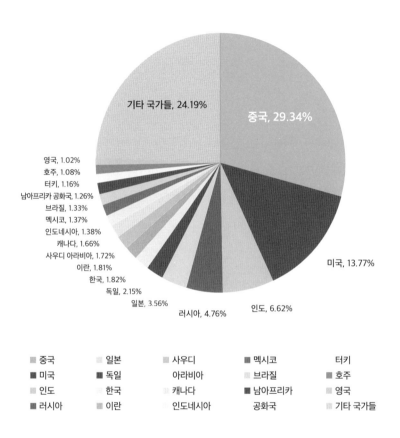

2017년 세계 총량 대비 국가별 화석연료 이산화탄소 배출량(%)

출처: 위키미디아, https://commons.wikimedia.org/wiki/File:CO2_Emissions_by_country.jpg

공기 중 온실가스 농도를 측정하는 것이 중요한 이유가 있을까요?

지역적으로나 국가적으로, 나아가 지구 전체 인류의 온실가스 총배출량을 추산하고 있습니다. 하지만 이렇게 배출된 온실가스가 실제로 대기 중 온실가스 농도를 얼마나 높이고 있는지를 알아내려면 결국 대기 중 온실가스 농도를 직접 측정해야만 합니다. 온실가스 중 가장 큰 비중을 차지하는 이산화탄소의 경우, 당시 젊은 연구원이었던 미국 스크립스 해양연구소의 찰스 데이비드 킬링Charles David Keeling 박사가 하와이 빅아일랜드섬 마우나로아 화산 꼭대기에 관측소를 세워 측정을 시작했습니다. 측정을 시작한 1958년 이래 2005년 그의 작고까지 무려 50년 가까운 긴 세월 동안 대기 중 이산화탄소 농도 측정이 정확하게 이루어질 수 있었지요. 그의 사후 지금까지도 아들인 랄프 킬링Ralph Keeling 박사에 의해 미 해양기상청과 스크립스 해양연구소의 이산화탄소 프로그램은 지속되고 있습니다. 전 세계에서 가장 긴 대기 중 이산화탄소 측정 자료는 이렇게 킬링 부자에 의해 만들어질 수 있었고, 이것이 그 유명한 킬링 곡선Keeling Curve의 탄생 배경입니다.

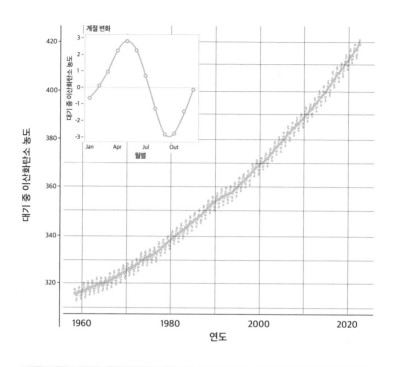

킬링 곡선 — 출처: 위키피디아, https://en.wikipedia.org/wiki/Keeling_Curve

앨 고어Al Gore 전 미국 부통령과 기후변화에 관한 정부 간 패널IPCC 제4차 기후변화 평가보고서 참여 과학자들이 공동으로 노벨평화상을 수상한 2007년에는 이 킬링 곡선이 학술저널 〈네이처〉의 표지를 장식했습니다. 그래프의 킬링 곡선은 식물의 광합성 정도에 따라 대기 중 이산화탄소 농도가 매년 높고 낮음을 반복하고 있지만 해가 갈수록 점점 증가하는 우상향의 장기 상승 추세를 뚜렷하게 보여줍니다. 처음 측정하기 시작한 1950년대와

1960년대 중반까지는 대기 중 이산화탄소 농도가 320ppm보다 낮은 수준이었는데, 2010년대 이후 400ppm 수준을 넘어 끝을 모르고 상승하여 2020년대에는 420ppm 수준에 이른 것임을 알 수 있습니다. 즉, 지난 100년도 되지 않는 기간 동안 약 30% 이상 상승한 셈입니다. 온실가스 배출을 당장 줄이더라도 그 감소 폭이 작거나 일시적인 감소에 그쳐서 이렇게 장기 상승하는 추세를 바꾸기는 매우 어렵습니다. 그러나 온실가스 배출량을 급격히 감소시키고 오랜 기간 줄여나가면 결국 서서히 농도를 낮출 수 있지요. 어렵지만 온실가스 배출량을 빠르게 감소시켜 단기간 내 탄소중립을 달성해야만 하는 이유입니다.

지구는 사실, 스스로
체온을 조절했었다

- 구름과 에어로졸

온실가스 외에도 기후에 영향을 주는 요소들이 있나요?

　　복사에너지 수지에 영향을 미쳐 지구 평균 온도와 기후를 조절하는 것이 대기 중 온실가스에만 해당하는 것은 아닙니다. 바닷물이 증발하여 대기 중으로 끊임없이 공급되는 수증기H_2O는 **구름** 형태로 대기 중에 존재하면서 태양 복사에너지와 지구 복사에너지를 반사 및 흡수하면서 그 양을 조절합니다. 따라서 구름은 지구를 가열할 수도, 냉각할 수도 있는데 현재 상태의 지구에서는 구름의 냉각 효과가 가열 효과보다 더 커서 구름이 많아질 때 지구로 유입하는 복사에너지양이 더 크게 줄어듭니다.

　　구름은 멀리서 보면 마치 어떤 거대한 덩어리의 흰 물체가 있는 것처럼 보이기도 하지만, 실제로 비행기를 타고 구름을 통과하면 마치 안개 속에 지나가는 것처럼 희미한 수십억 개의 작은 물방울이나 얼음 결정들이 떠 있는 것임을 알 수 있습니다. 이들은 모두 수증기가 응결해서 만들어진 것으로 중력에 의해 아래로 떨어집니다. 그런데 워낙 가벼워 매우 느린 속도로 떨어지기 때문에 구름 내부의 상승 기류 등으로 낙하 운동이 상쇄되기도 해서 생성과 소멸을 반복하는 중이기도 합니다. 이들이 서로 뭉쳐서 커지고 무거워져 낙하하는 형태를 우리가 볼 수 있는 것이 바로 비나 눈입니다.

산업화 이후 인간 활동에 따라 대기 중으로 배출되고 있는 부유물질 역시 복사에너지 수지에 영향을 미쳐 기후를 조절하는 역할을 담당합니다. 대기 중 존재하는 입자상 액체상 미세 부유물질을 에어로졸aerosol이라고 하는데 그 크기, 농도, 화학적 조성은 매우 다양하며, 대기 중에 입자 형태로 직접 유출되거나 혹은 가스 형태로 배출되고, 화학 반응을 통해 2차 변형되어 생성되기도 합니다. 흔히 미세먼지와 초미세먼지로 부르는 입자가 여기에 포함됩니다.

에어로졸은 자연적으로 생성되기도 하고 인위적으로 생성되기도 합니다. 먼저, 바다의 염분, 사막의 모래 먼지, 산불이나 화산 폭발 시 분출되는 가스 등 자연적으로 만들어지는 종류가 있습니다. 화석연료와 바이오매스 연소로 인한 황화합물, 유기화합물, 검댕(석탄, 나무 등을 태울 때 나는 오염물질) 등 인위적인 인간 활동으로 만들어지는 종류도 있습니다. 특히 오늘날 자동차, 공장, 조리 과정 등에서 발생하는 아황산가스, 질소화합물, 납, 오존, 일산화탄소 등은 대기오염 물질로도 잘 알려져 있습니다. 대기 중에 배출되어 장기간 기후에 영향을 미치는 온실가스와 달리 인위적으로 발생한 에어로졸의 경우 대기 중 체류 시간이 짧아 단지 며칠 동안만 남아 있습니다. 그래서 바람이 약하게 부는 때 발원 지역 부근에 고농도로 나타나다가 며칠 바람이 강하게 불면 대부분 사라집니다. 따라서 기후 문제보다는 대기오염 차원에서 심각하게 다루기도 하지요.

그런데, 긴 파장인 지구 복사에너지에 비해 파장이 짧은 형태로 지구에 유입하는 태양 복사에너지는 대기 중 에어로졸 농도에 따라 우주로 반사되는 정도가 변화할 수 있습니다. 그래서 오늘날 지속적인 대기오염 물질 배출에 따른 에어로졸 농도의 증가 역시 기후에 영향을 미치고 있습니다. 검은 에어로졸brown aerosol은 태양 복사에너지를 흡수해서 지구온난화를 강화하지만, 대부분의 에어로졸 성분들은 태양 복사에너지를 차단하여 지구온난화보다 오히려 지구냉각화에 더 기여하므로 온실효과와는 반대로 작용합니다. 오늘날 인위적인 기후변화, 지구온난화의 원인으로 온실가스를 꼽을 뿐 에어로졸을 탓하지 않는 이유가 바로 그것입니다. 또한 에어로졸은 구름 형성에도 관여하여 간접적으로도 지구를 냉각화하기 때문에, 만일 오늘날 에어로졸 농도 증가 없이 온실가스 농도만 증가했다면 아마도 지금보다 지구온난화 수준은 이미 훨씬 더 심각한 수준으로 치닫게 되었을 것입니다.

복사에너지 수지와 기후에 중대한 영향을 미치는 구름은 만들어지는 방식에 따라 높이와 형태가 다양하게 나타납니다. 구름의 종류에 따라 구체적인 생성 방식은 달라도 모두 수증기가 과포화되어 응결하거나 승화하며 만들어지는 점은 같지요. 수증기가 과포화 상태로 변하려면 기온이 낮아져 이슬점에 도달하거나 수증기 공급이 활발해야 합니다. 적도 부근의 열대 바다와 같이 증발이 잘 일어나 수증기 공급이 활발해져 상승하는 기류를 타고 고도가 높아지면서 기온이 낮아졌을 때 구름이 만들어지기 쉽습니다. 열대 바다에서는 높은 증발량과 함께 무역풍이 적도 쪽으로 불기 때문에 모이면서 높은 고도로 상승하는 기류가 더욱 우세하여 구름이 잘 만들어집니다. 그 외에도 산을 타고 상승하는 기류에 의해서도 구름이 잘 만들어집니다.

세계에서 가장 많은 비가 내리는 것으로 알려진 인도 북동부 체라푼지 지역은 우기(4~9월)가 되면 매월 19~29일 동안 비가 내리며 연평균 강수량이 무려 10,000mm 이상입니다. 인도양에서

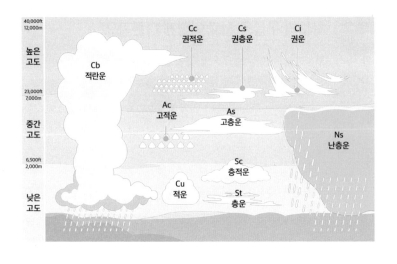

구름의 종류

출처 : 위키미디어, https://commons.wikimedia.org/wiki/File:Cloud_types_en.svg

수증기 공급이 활발하고 히말라야 산맥을 타고 상승하는 기류가 우세하여 구름이 잘 만들어지기 때문입니다. 특히 우기에는 인도양 몬순 때문에 인도양에서 유라시아 대륙 방향으로 해풍이 부는데, 다습한 기단이 남서 계절풍을 타고 많은 양의 수증기를 이 지역으로 가져옵니다. 인도 평원을 지나 지형적인 영향으로 상승 기류에 의해 구름이 계속해서 만들어지기 때문에 많은 비가 내리는 것이지요.

구름은 권운, 권층운, 권적운으로 알려진 높이 떠 있는 상층운에서부터 중간 고도에서 볼 수 있는 중층운(고층운과 고적운이 해당함), 낮게 떠 있는 층운, 층적운, 난층운과 같은 하층운까지 다양해요. 밝은 흰색이나 옅은 흰색을 띠는 상층운이 주로 얼음 결정으로 구성되는 것과 달리 중층운과 하층운은 주로 물방울로 구성되어 있습니다. 가장 낮은 고도에서 볼 수 있는 하층운은 두 꺼운 편이며 대부분 회색을 띠기도 하지요. 높이 떠서 지구를 관찰하는 인공위성 수집 영상에서는 구름 하부의 모습을 잘 알기가 어려워 층운과 지상의 안개를 구별하기 쉽지 않다고 합니다. 이렇게 고도에 따라 구름을 상층운, 중층운, 하층운으로 구분하지만, 적란운이나 적운처럼 키가 큰 구름은 넓은 범위의 고도에 걸쳐 수직적으로 발달하기 때문에 매우 두껍고 폭우와 악기상惡氣象을 동반합니다.

2장

지구를 위해
반드시 알아야 할
기후 상식

지구온난화, 인간만이 원인인가?

- 자연적 기후변동성과 인위적 기후변화

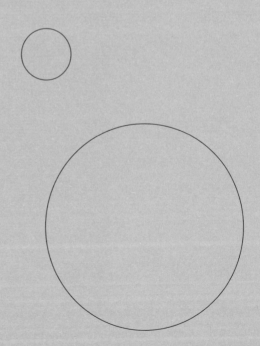

자연적으로 기후변화가 발생하기도 한다던데 사실인가요?

사실입니다. 태양 활동이나 지구의 하늘, 땅, 바다, 얼음, 생물 간 상호작용이 더해지며 지구 자체의 운동 효과로 기후변화가 발생하기도 합니다. 이를 **자연적 기후변동성**이라고 하는데요. 바닷속 내부 순환이 약해지면 북반구에 빙하기가 도래할 수도 있으며, 화산이 폭발할 때 분출되는 화산가스 속 이산화황 성분이 성층권까지 도달하여 지구로 유입하는 태양 복사에너지를 차단해 지구를 냉각시킬 수도 있습니다. 이들을 자연적 기후변동성의 예로 꼽을 수 있습니다.

자연적 기후변동성은 인간 활동과 무관하게 발생하는 것이므로 산업혁명 이후 최근 나타나고 있는 지구온난화 등의 **인위적 기후변화**와는 구분할 필요가 있습니다. 인위적 기후변화는 앞에서 언급한 것처럼 인간 활동으로 대기 중 온실가스 농도가 높아지면서 나타나는 것이므로 인위적으로 만들어졌다는 면에서 자연적 기후변동성과 구별됩니다. 과학자들이 자연적 기후변동성을 알 수 있었던 것은 인간의 영향력이 크지 않았던 산업화 이전에도 오랜 지구의 역사에서 기후가 변화했음을 알 수 있는 과학적 증거들이 다양하게 제시되었기 때문입니다.

그러나 최근 100여 년 동안 경험한 인위적 기후변화는 이러한 자연적 기후변동성을 압도하여 그 범위를 훨씬 넘어서고 있습니다. 산업혁명 이후 인간 활동 과정에서 대기 중으로 배출된 온실가스는 지구 복사에너지를 과거보다 더 많이 차단하며 지구에 복사에너지가 점점 더 축적되도록 했습니다. 이 변화를 '온실효과'라고도 부르죠. 복사에너지 수지의 변화로 인해 오늘날 지구의 역사에서 전례를 찾아볼 수 없는 속도로 빠르게 지구온난화가 진행 중입니다.

과학자들은 기후변화에 관한 정부 간 패널을 통해 기후변화에 대한 정기적인 진단과 평가 결과를 보고서로 발표하고 있습니다. 사람으로 비유하면 건강검진 결과와도 같습니다. 제4차 기후변화 평가보고서에는 과학적 근거에 의해 "지구온난화의 원인은 명백히 인간 때문"이라는 표현이 포함되었고, 노벨 재단에서는 이 공로를 인정하여 제4차 기후변화 평가보고서 저자들을 대표하는 IPCC 의장과 앨 고어 전 미국 부통령을 2007년 노벨평화상 공동 수상자로 선정하기도 했습니다.

비록 얼마 전까지만 하더라도 기후변화 회의론자들climate

skeptics은 지구온난화가 과장되었으며 자연적 기후변동성의 범위를 넘은 것이 아닐 수도 있다는 주장을 펴기도 했습니다. 하지만 최근 급격한 인위적 기후변화는 자연적 기후변동성 범위를 훨씬 초과하여 심각한 수준에 이르고 있으며, 그 원인이 산업화 이후 인류가 배출한 온실가스라는 점은 더 이상 부인하기 어려운 과학적 사실이 되었습니다. IPCC의 제5차, 제6차 기후변화 평가보고서에는 지난 제4차 평가보고서에서보다도 더욱 많은 과학적 증거들을 바탕으로 매우 분명하게 인위적 기후변화를 강조하고 있습니다. 정치적으로나 사회적으로 마치 기후변화 원인이 여전히 논쟁 중인 사안처럼 해묵은 기후변화 회의론이나 양비론에 빠져 과학적 사실들을 외면할 상황이 더는 아니라는 것이지요.

과학자의 돋보기   지구온난화가 자연적으로 발생하지 않고 인위적 요인 때문에 발생한다는 근거는 무엇인가요?

기후변화 회의론자들은 과거 지구 평균 온도 추정치에 오류가 많고, 다른 추정치를 사용하면 중세 시대처럼 지금보다도 더 온화했던 시기가 있었다며 과거 IPCC 제4차 기후변화 평가보고서의 신뢰성 문제를 제기했습니다. 지구온난화는 단순히 사람들에게 경각심을 주기 위해 지어낸 거짓말이거나 과장되었을 뿐, 산업화 이후 인간 활동 때문에 다량 배출된 온실가스가 기후변화의 원인이 아니라는 것입니다. 당시 IPCC에서도 보고서의 일부 내용, 특히 하키스틱 곡선hockey stick curve 으로 알려진 평균 온도 추정치의 과거 데이터가 다소 불충분함을 인정했습니다.

하키스틱 곡선은 과거 2,000년 동안 지구의 북반구 평균 온도 변화를 그려낸 그래프입니다. 북반구 평균 온도 시계열 그래프 모양이 마치 하키스틱 같은 모양이라 이런 이름이 붙었지요. 하키스틱 손잡이에서 하키픽을 치는 부분까지 서서히 이어지다가 그 끝부분이 하키스틱의 날과 같은 모양으로 급격하게 증가하여 전례 없이 급작스러운 최근의 지구온난화를 보여줍니다. 이렇게 전례 없

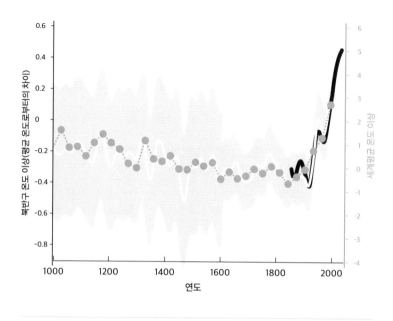

하키스틱 곡선   - 출처: 위키피디아, https://en.wikipedia.org/wiki/Hockey_stick_graph

는 변화가 나타나는 시기가 산업화 이후라는 점에서 인간 활동에 의한 영향으로 인위적인 기후변화가 발생한 것임을 여실히 보여주는 많은 증거 중 하나입니다.

하지만 기후변화 회의론자들은 이 그래프가 과거 중세 온난기와 소빙하기를 없애고 현대 온난기를 과장했다고 봤습니다. 여기서 중세 온난기는 10~13세기 사이 지구상 일부 지역이 온화했던 기간이고, 소빙하기는 이후 13세기 초부터 17세기 후반까지 세계 각지에서 기온 저하 현상이 나타났던 기간입니다. 이들은 역사 기록 등을 통해 과거 중세 온난기의 기후가 20세기와 비슷하거나 훨씬 따뜻했고, 소빙하기에는 현재보다 훨씬 더 추웠음을 지적합니다. 현재의 온난화가 단지 자연적 기후변동성의 한 부분이라는 것이지요.

그러나 좀 더 최신 연구를 종합하면, 소빙하기와 달리 중세 온난기는 전 지구적 현상이었다기보다 일부 지역에만 국한된 현상이었을 가능성이 큽니다. 좀 더 정밀한 데이터로 재구성된 2,000년 동안의 지구 평균 온도 그래프에서도 중세 온난기는 잘 드러나지 않고 소빙하기에만 지구 평균 온도가 0.2도 정도 낮아졌습니다. 산업혁명 이후 오늘날의 급격한 지구온난화 수준과 그 속도는 오랜 지구의 과거 역사에서 찾아보기 어렵습니다. 즉, 후속 연구를 통해 데이터가 보완되어도 IPCC 보고서의 기본 틀이 무너진 것은 아니며 하키스틱 곡선이 현재까지도 유효하다는 것을 알 수 있습니다. 지구온난화가 산업화 이후부터 급격히 진행 중인 것으로 보아 더 이상 '인위적' 기후변화를 계속 부정하기는 어려워 보입니다. 하키스틱 곡선으로 알 수 있는 인위적 기후변화 문제의 본질은 오늘날 높은 온도 그 자체보다 하키스틱의 날 모양으로 급증하고 있는, 무서우리만치 빠른 상승 속도와 상승 폭입니다.

끊임없이 굴러가는 자연의 쳇바퀴

- 전 지구적 순환

지구온난화가 계속 심각하게 논의되는 이유는 무엇인가요?

오늘날 흔히 지구온난화로 표현하는 기후변화는 단순히 지구 평균 기온 조금 오르고 마는 문제가 아닙니다. 오랜 지구의 자연 순환에 문제를 일으켜 지구환경 전반의 건강을 심각히 위협하는 매우 심각하고 시급한 문제입니다. 기후위기에서 나아가 기후비상, 기후붕괴란 표현까지 사용하는 이유가 바로 그것입니다.

전 지구적인 물 순환을 그 예시로 들 수 있습니다. 수문순환 hydrological cycle이라고도 불리는 이 현상은 지구상 존재하는 물이 끊임없이 순환한다는 것을 뜻합니다. 원래 물 순환은 바다에서 해수가 증발하며 수증기가 대기 중에 공급되고 응결하여 구름이 되고, 강수를 통해 육상에 공급되는 물은 강이나 호수, 지하수를 거쳐 다시 바다로 흘러가면서 완성됩니다. 그런데 지구온난화로 해수의 수온이 오르면 대기와 해양이 서로 물을 주고받는 과정에서의 해양 순환이 변하게 됩니다. 이전과 달리 해표면 수온을 높이거나 낮추는 일이 발생하면, 전 지구적인 강수 패턴의 변화가 동반되며 곳곳에서 이상 기후로 신음하는 일이 종종 목격됩니다.

열대 태평양 해표면이나 인도양 내의 수온 분포가 변화할 때 지구촌 곳곳에서 이상 기후가 나타나 심각한 폭우와 극심한 가뭄 피해가 동시에 급증합니다. 그래서 폭우·폭설·홍수나 반대로 가뭄·폭염·대규모 산불과 같이 극단적인 형태의 자연재해가 기후변화와 무관하지 않다는 뜻입니다.

물 순환뿐만 아니라 탄소, 산소, 질소 등의 화학적 원소가 지구 내에서 순환하는 **생지화학적 순환**biogeochemical cycle도 마찬가지입니다. 산업화 이후 인간 활동으로 배출된 이산화탄소 중 일부는 토양과 식생, 혹은 해양에 흡수되었으며 나머지는 대기에 잔류하며 대기 중 이산화탄소 농도를 높이게 되었습니다. 원래 자연 상태에서도 동식물의 호흡 과정에서 대기 중으로 배출되는 이산화탄소가 존재합니다. 그러나 육상 식물과 해양의 식물성 플랑크톤 및 다양한 해조류에 의해 광합성으로 대기 중 이산화탄소가 흡수되면, 오히려 대기 중으로 공급되는 산소가 이를 초과해 자연 상태에서는 이산화탄소 농도가 오히려 낮아져야 정상이지요. 그러나 인류의 이산화탄소 배출량은 이 자연 상태의 이산화탄소 순 흡수량을 초과하므로 대기 중 이산화탄소 농도는 점점 높아지며 오늘날에는 오랜 지구의 역사에서 볼 수 없었던 420ppm 수준까지 이르게 된 것입니다. 이렇게 인위적인 인류의 탄소 배출이 산업화 이후부터 현재까지 지속되어 누적 탄소배출량이 증가했기에 탄소 순환carbon cycle에도 변화가 불가피한 것입니다.

지구의 역사,
빙하는 지켜보고 있다

- 빙하기와 간빙기

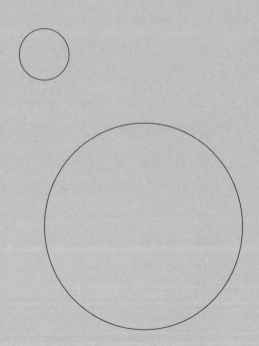

과거의 지구 평균 온도를 어떻게 알아낼 수 있었을까요?

중세 온난기에는 유럽과 그린란드 등 일부 지역이 온화했고, 소빙하기에는 전 세계 곳곳에서 기온 저하 현상이 두드러졌다는 점은 역사서의 기록을 통해서도 유추할 수 있었습니다. 그러나 수천, 수만, 수십만 년 동안 지구 평균 온도 변화는 역사서의 기록만으로 알아낼 수 없겠지요. 지질시대를 포함하여 과거 장기간에 걸쳐 나타났던 기후를 연구하는 분야를 **고기후학**paleoclimatology 이라고 하는데, 고기후학에서는 오랜 기간 보전되어온 나무와 돌멩이 하나까지도 소중하게 다룹니다. 바로 과거 지구환경에 대한 실마리를 담고 있기 때문입니다.

과학자들은 이처럼 고기후학 연구를 통해 과거의 기후변화를 읽기 위해서 나무의 나이테, 해저 퇴적물이나 지층 속의 과거 생물 화석, 산호초 등을 조사합니다. 그중 남극 등에 오랜 기간 묻혀 있던 빙하 속 얼음에는 오랜 시간을 거슬러 올라갈 수 있는 흥미로운 기록이 있습니다. 단순한 얼음처럼 보이지만 그 안에는 과거의 대기 성분이 포함되어 그 당시의 기후를 알 수 있는 공기 방울이 포함되어 있기 때문입니다. 이처럼 빙하에서 얼음 시료를 얻기 위해 시추를 하는 것이 바로 **빙하코어**ice core입니다.

그린란드와 남극 대륙에는 넓은 영역을 덮고 있는 거대한 빙하 덩어리가 있는데, 이를 빙상ice sheet이라고 합니다. 이 빙상을 뚫고 빙하코어 시추를 통해 얻은 원기둥 모양의 빙하 시료를 분석합니다. 각 층에 있는 기체와 고체를 통해 오랜 과거의 기온, 온실가스 농도, 화산 폭발에 대한 사실 등을 추론할 수 있습니다. 특히 이 빙하 시료의 10% 정도는 그 당시의 대기 성분을 알 수 있는 기체가 담겨 있어 과거 대기 중 온실가스 농도를 파악하고 교대로 나타났던 빙하기와 간빙기를 구분하는 데도 사용합니다.

과학자들은 빙하코어 자료를 분석하여 지난 80만 년 동안 8번의 빙하기가 있었음을 파악했습니다. 이와 함께 산업혁명 이후 대기 중 이산화탄소 농도가 400ppm 이상으로 급격히 오르기 직전에도, 당시 간빙기에 80ppm이나 높았음을 알아낼 수 있었습니다. 게다가 과거 대기 중 이산화탄소 농도가 높아진 기간에는 기온이 높았고, 반대로 이산화탄소 농도가 낮아진 기간에는 기온이 낮았던 과거 기록을 통해 오랜 지구 역사의 온실효과를 확인하기도 했습니다. 그러나 오늘날의 인위적 기후변화는 200~250ppm 내외의 자연적인 변동폭을 크게 상회하여 410ppm 이상의 전례 없던 수준으로 급등했다는 점에서 문제점을 찾을 수 있습니다.

빙하가 없는 지역은 과거 지질시대의 기후를 어떻게 알아냈나요?

빙하코어 외에도 나무의 나이테, 해저 퇴적물이나 지층 속의 생물 화석, 산호초 등을 통해 지질시대의 기후, 그 기후에 대한 생활환경, 기후변화의 요인까지 알아낼 수 있습니다. 인류가 온도계를 사용하여 기온 등의 측정을 시작한 것이 19세기 중반 이후이기 때문에 그 이전의 기후는 이처럼 간접적인 자료로부터 추정하는 방법뿐입니다.

나무의 나이테를 통해 과거의 기후를 알아낼 수 있는 이유는 기온과 강수량 등에 따라 나무의 생장 속도가 다르기 때문입니다. 즉, 온난한 기후에서는 나무의 생장 속도가 빠르므로 넓은 간격의 나이테가 만들어지고, 반대로 한랭한 기후에서는 생장 속도가 느려서 좁은 간격의 나이테가 만들어지는 특성을 이용하는 것입니다. 봄부터 여름에는 수분 공급이 충분하여 부피가 커지지만 두껍고 튼튼한 세포벽을 만들지 못하는데 늦여름에서 가을에는 수분 공급이 줄어들어 세포가 충분히 팽창하지 못하는 대신 세포벽이 두꺼워지는 원리이지요.

최근에는 살아있는 나무뿐만 아니라 1천 년이 넘는 오래된 목조 건축물의 목재를 이용한 분석도 이루어지는 중입니다. 같은 시기에 살았던 나무들은 나이테 패턴이 같아 서로 비교하여 장기간의 기후 복원을 할 수 있기 때문입니다. 과학자들은 나이테 연대기tree-ring chronology를 활용해 과거 기후를 분석하는데, 최근에는 나이테를 구성하는 목재 세포를 이용해 더욱 정밀한 계절별 기후 복원까지 시도하고 있다고 합니다.

과거 기후 분석을 위해 과학자들은 기후변화에 민감한 생물의 특성을 이용합니다. 나무의 나이테 외에도 호수나 늪지에 가라앉은 꽃가루, 산호의 골격, 해저 퇴적물과 지층 속 과거 생물 화석이 모두 과거 그 당시의 기후를 알려주는 대표적인 '생물 타임캡슐'입니다. 꽃가루의 외부 세포벽은 고온고압 상태에서도 수만 년이나 보존되는 단단한 단백질로 구성되어 있다고 합니다. 식물마다 외부 모양과 크기, 장식이 조금씩 다르므로 꽃가루를 식물의 지문처럼 활용해 과거의 식물상을 알아내서 과거 기후변동을 추적하기도 하지요. 또 탄산칼슘 골격으로 구성된 산호는 형성되는 시기가 겨울인지 여름인지에 따라 서로 다른 밀도를 가지게 되는데, 이를 이용하면 과거 13만 년 동안의 엘니뇨 같은 해양기후를 분석할 수 있습니다.

기온을 결정짓는
복잡한 이유, 공기

- 대기 구조와 수증기 되먹임

대기의 기온이 고도에 따라 다른 이유는 무엇인가요?

기온은 고도에 따라 변화합니다. 높은 곳에 올라가면 기온이 낮아지는 것처럼 말이죠. 그런데 흔히 혼동하는 것이 왜 태양에서 더 멀리 떨어진 지표면 기온이 더 높고, 높은 곳에 올라가 태양에 더 가까워질수록 오히려 기온이 낮아지는가 하는 점입니다.

이것은 지표면에서부터 고도가 높아지며 기온이 낮아지는 원인이 태양 복사에너지보다 지구 복사에너지와 관련이 있기 때문입니다. 즉, 높은 곳에 올라가 고도가 높아질수록 지표면에서 멀어지기 때문에 지구 복사에너지가 감소하여 기온이 낮아지는 것이지요. 그러나 약 10km 고도까지 존재하는 대류권을 통과하여 더 높이 올라가 대기의 가장 바깥쪽인 열권까지 도달하면 이번에는 지구 복사에너지보다 태양 복사에너지와 관련되어 고도가 높아질수록 기온이 높아집니다. 쉽게 생각하면 대류권에서는 고도가 높아질수록 지구에서 멀어져 기온이 내려가고, 열권에서는 태양에서 가까워져 기온이 올라가며 서로 반대의 구조를 보이는 셈입니다.

그렇다면 대류권과 열권 사이의 성층권과 중간권에서는 고도에 따라 기온이 어떻게 변화할까요? 성층권과 중간권의 경계인 성층권계면은 약 고도 50km에 위치하는데, 이 고도에서는 태양 복사에너지 중에서 파장이 짧은 자외선을 흡수하며 생기는 오존 O_3 화학 반응 때문에 상대적으로 높은 기온이 나타나는 특징이 있습니다. 따라서 성층권에서는 고도에 따라 기온이 높아져 성층권계면에서 가장 높아지고, 중간권에서는 이로부터 다시 고도에 따라 기온이 낮아집니다. 이처럼 지구의 대기는 지표로부터 고도가 높아질수록 기온이 낮아지는 대류권, 다시 높아지는 성층권, 다시 낮아지는 중간권, 그리고 가장 바깥쪽에는 다시 높아지는 열권이 존재하여 4개의 권역으로 구성되어 고도에 따른 기온의 수직 구조를 서로 달리합니다.

고도 외에 수증기도 기후를 결정하는 데 필수적인 역할을 하는 것으로 알려져 있습니다. 기온에 따라 수증기H_2O량이 변화하면 온실효과와 구름에도 영향을 미쳐 다시 기온을 변화시킵니다. 따뜻한 대기는 차가운 대기보다 더 많은 양의 수증기를 가질 수 있으므로, 기온이 오르면 수증기량이 증가하고 온실효과를 통해 기온이 더욱 상승하게 됩니다. 이러한 효과를 **수증기 되먹임**water vapor feedback 효과라고 하는데, 지구온난화를 가속하는 원인 중 하나로 지목되고 있습니다. 사실 자연적 온실효과에 대한 기여도만으로 본다면 수증기는 이산화탄소보다도 대략 2~3배나 더 큰 영향을 미치는 것으로 밝혀졌습니다. 그러나 수증기는 이산화탄소와 달리 대기 중에 오래 잔류하지 않습니다. 쉽게 비나 눈으로 내리기도 하고, 대기 중 수증기량이 증가하면 구름도 함께 증가하여 지구로 유입하는 태양 복사에너지를 차단하여 지구온난화를 해소하는 효과도 있으므로 종합적인 복사 효과는 간단하게 결정되지 않습니다.

과학자들은 복사에너지양을 어떻게 측정하고 활용하고 있나요?

태양 복사에너지는 먼저 지구 대기를 통과할 때, 일부는 대기에 반사되어 다시 우주로 유출되고 나머지 중 일부는 지구 대기에 유입되어 대기 중에 직접 흡수됩니다. 이 과정으로 대략 태양 복사에너지의 절반 정도만 지표면에 도달하는데, 대부분 가시광선 파장대의 빛입니다. 이들이 지구 복사에너지 형태가 되어 우주로 다시 유출될 때는 파장이 훨씬 긴 적외선으로 바뀌게 됩니다.

파장 8~13μm(마이크로미터, 0.001mm) 영역에서는 대부분의 지구 복사에너지가 우주 공간으로 잘 빠져나가는데, 이 파장대를 '대기의 창'이라고 부릅니다. 지표면으로부터 오는 적외선 정보를 인공위성에서 효율적으로 수집하기 위해서는 이 파장대 영역의 전자기파를 잘 측정해야겠지요. 인공위성에서 열적외선 파장대의 에너지를 측정하여 지표면 온도 분포 등을 연구할 수 있는 것은 바로 이런 원리입니다. 과학자들은 이처럼 복사에너지 특성을 이용해서 지표면 온도 분포를 비롯한 각종 지구 대기와 지표면 물체 특성 연구를 위해 인공위성 원격탐사 방법을 사용하고 있습니다.

오늘날 지구 주위의 수많은 인공위성에서는 지표면을 세밀하게 관측할 수 있는 다양한 센서가 탑재되어 있고, 이들이 탑재된 위성의 종류도 다양합니다. 적도 상공의 매우 높은 고도 궤도에서 경도와 위도가 일정하게 지구와 함께 움직이며 지구의 절반을 연속적으로 관찰하는 정지궤도 위성들이 다수 존재합니다. 이와 달리 훨씬 낮은 고도에서 특정 시간동안 지구 반구 영역보다 훨씬 작은 특정 영역만을 더욱 세밀하게 관찰하고 지나가는 극궤도 위성들도 존재합니다. 이렇게 여러 종류의 다양한 위성에 센서들을 부착하여 서로 다른 파장의 에너지를 측정함으로써 지구의 대기, 해양, 지질, 빙권 연구에 활용할 수 있지요.

인공위성 원격탐사는 비접촉 방식으로 물체에 대한 정보를 얻고 분석하는 것이라서, 이를 위해서는 원격탐사에 사용되는 에너지와 물체 간의 상호작용을 이해해야 합니다. 인공위성 센서에서 파장에 따라 입사 에너지와 반사 에너지 사이의 비율이 어떻게 분포하는지 측정하면 이를 통해 물체의 성질을 알아낼 수 있지요. 물체는 다양한 파장의 복사에너지를 방출하는데, 그 최대에너지 파장은 그 물체의 절대온도에 반비례하고, 방출되는 에너지는 절대온도의 4제곱에 비례합니다. 간략히 말하자면, 물체의 절대온도가 높으면 에너지가 짧고 강해진다고 볼 수 있습니다. 이 때 절대온도란 물질의 특성에 의존하지 않는 온도로, 쉽게 말하자면 $0K = -273\,°C$라고 이해할 수 있습니다. 따라서, 절대온도가 약

6,000K인 태양의 경우 0.48μm에서 최대에너지를 방출하지만, 절대온도가 태양보다 20배 작은 지구 복사에너지의 최대에너지는 약 20배 긴 파장인 10μm에서 방출하게 되며, 20의 4제곱, 즉 16만 배 더 작은 에너지에 해당합니다. 지표면 물체들은 서로 약간씩 다른 파장의 최대에너지를 방출하는데, 산불, 토양, 물, 암석 등의 감시에 열적외선 센서를 유용하게 사용 중입니다.

전자기파는 지표면에 도달하기 전과 반사된 후에 각각 대기입자에 의한 산란과 흡수 과정을 겪으므로 이를 이용해서 대기의 조성과 밀도를 알아낼 수 있습니다. 에어로졸, 안개, 구름이 없는 청명한 날에도 산소나 질소 입자와 같이 입사파의 파장보다 월등히 작은 대기 입자에 의해 산란이 발생하게 되는데, 파장의 4제곱에 반비례하기 때문에 파장이 0.32μm인 자외선의 경우 파장이 0.64μm인 적색광에 비해 약 16배 강한 산란을 보이게 됩니다. 바로 이런 특성을 이용해서 대기의 조성과 밀도를 파악하는 것이라 할 수 있지요.

대부분의 지구 복사에너지가 우주 공간으로 잘 빠져나가는 대기의 창 파장대에 맞추어 위성 센서를 설계합니다. 반대로 수증기, 산소, 탄소, 오존, 산화질소 등 여러 대기 물질의 흡수 효과가 중첩되어 지구 대기를 잘 통과하지 못하는 파장 대역의 전자기파는 종종 제외하고 설계합니다. 대기 수증기의 강한 흡수 파장인

1.4, 1.9, 2.7㎛는 흔히 제외하지요. 초기의 위성 센서는 주로 가시광선(0.4~0.7 ㎛)만을 이용했습니다. 가시광선을 사용하는 우리 눈에는 천연 잔디와 인공 잔디가 동일한 초록색으로 보입니다. 그러나 근적외선(0.7~1.2 ㎛)을 사용하면 인공 잔디가 5%의 반사율을 보이는 것과 달리 천연 잔디의 초록색 잎이 약 50%의 강한 반사율을 보이기 때문에 두 물체를 확연히 구분할 수 있지요. 그래서 최근에는 근적외선, 중적외선, 열적외선 등 다양한 파장 대역을 이용하고 있습니다.

최근에는 그동안 잘 이용하지 않았던 원적외선 파장대도 이용하려는 연구도 진행 중입니다. 예를 들면, 19.2㎛ 파장은 상층 고도의 권운을 감시할 수 있으며, 40㎛ 파장은 성층권 수증기를 감시할 수 있게 하고, 눈snow에 민감한 17.7㎛ 파장을 이용하면 남극 표면을 상세하게 관찰할 수 있기 때문입니다.

지구 곳곳을 돌고 도는 바람

- 대기 대순환

바람이 불면서 대기는 어떻게 순환하고 있나요?

대기는 항상 한 곳에만 정체되어 있지 않고 끊임없이 순환하는데, 기온과 습도를 서로 달리하는 여러 기단이 이동하며 대기의 대순환을 이루기 때문입니다. 특히 대기 대순환 과정에서 지속적으로 부는 바람은 위도에 따라 뚜렷한 차이를 보입니다. 위도는 지구의 가로 중심선, 즉 적도를 기준으로 극지방으로 갈수록 증가하기 때문에 적도 부근은 저위도 지역이라고 합니다. 적도로부터 북쪽이나 남쪽으로 이동할수록 위도가 커지죠. 사람의 신체에 비유하자면, 지구의 허리는 적도니까 저위도 지역, 지구의 어깨나 무릎선에 해당하는 지역은 중위도 지역, 지구의 머리나 발끝에 해당하는 지역은 고위도 지역이라고 비유할 수 있습니다.

적도로부터 북위 30도 및 남위 30도 범위까지의 저위도 지역에서는 **무역풍**이라고 부르는 동쪽에서 서쪽으로 부는 동풍이 우세합니다. 그리고 적도~북위 30도 구간인 북반구 저위도에서는 북동무역풍, 적도~남위 30도 구간인 남반구 저위도에서는 남동무역풍이 우세하게 나타납니다. 따라서 북반구에서 남쪽으로, 남반구에서 북쪽으로 부는 각각의 무역풍에 의해 적도에서는 수렴하여 상승하는 기류가 우세하고 구름이 잘 만들어지게 되지요. 적도에서 상승한 기류는 북위 30도와 남위 30도 부근에서 하강하고 다시 무역풍으로 타고 적도로 흐르는 하나의 순환 셀cell이 만들어지는데, 이를 해들리 순환hadley cell으로 부릅니다.

북위 30도와 남위 30도 부근에서는 하강 기류가 우세하여 구름이 없고 맑은 날씨가 자주 발생합니다. 북위 30~60도 범위와 남위 30~60도 범위의 중위도에서는 모두 서쪽에서 동쪽으로 부는 바람인 **편서풍**이 우세하며 각각 남서풍과 북서풍에 의해 고위도 지역으로 흐릅니다. 반대로 북위 60도~북극이나, 남위 60도~남극과 같은 고위도 지역에서는 동쪽에서 서쪽로 부는 바람인 **편**

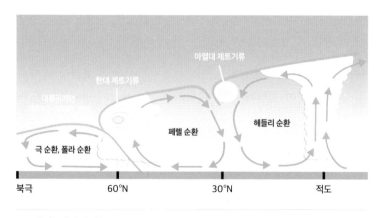

고도에 따른 대기 대순환

- 출처 : 위키미디어, https://commons.wikimedia.org/wiki/File:Jetcrosssection.jpg

동풍이 우세하며 각각 북동풍과 남동풍에 의해 극지에서 불어와 북위 60도와 남위 60도 부근의 고위도 지역에서는 다시 수렴대가 만들어지게 됩니다. 즉, 북위 30도와 남위 30도 부근에서 하강하여 북위 60도와 남위 60도 부근에서 상승하는 또 다른 순환 셀이 만들어지며, 이를 해들리 순환과 구별하여 페렐 순환ferrel cell이라고 합니다. 북위 60도와 남위 60도 부근에서도 적도 부근과 같이 상승 기류가 우세하여 구름이 잘 만들어지므로 비나 눈이 잦은 편입니다. 마지막으로 극지에서 하강하고 북위 60도와 남위 60도 부근에서 상승하는 순환 셀은 극 순환 혹은 폴라 순환polar cell로 부릅니다.

이처럼 대기는 한 곳에 정체되어 있지 않고, 대류권 내에서 북반구와 남반구 각각 3개씩의 순환 셀을 구성하며 계속 순환 중입니다. 특히 해들리 순환과 페렐 순환 사이와 극 순환 사이의 대류권 상공에는 제트기류로 불리는 강한 바람이 서에서 동으로 부는 것으로 알려져 있습니다. 또, 이러한 평균 상태의 대기 순환은 늘 일정한 것이 아니라 계속 변화하며 매일매일의 날씨와 기후의 다양한 변동을 만들지요.

대기 대순환은 대양과 대륙의 영향으로 크게 바뀌기도 하는데 그 대표적인 예가 계절풍, 혹은 몬순Monsoon이라 부르는 현상입니다. 지표면에 도달한 태양 복사에너지는 기온을 오르게 하고, 기온이 오르면 대기 밀도가 낮아져 주변보다 가벼워 상승하므로 상승 기류가 잘 만들어집니다. 이때 대양과 대륙의 비열 차이가 대기에 영향을 줍니다.

비열이란 물질을 데우는데 필요한 열량과 물을 데우는데 필요한 열량의 비율을 의미합니다. 비열이 작으면 양은냄비처럼 빨리 뜨거워졌다가 쉽게 식어버리죠. 비열이 큰 대양보다는 비열이 작은 대륙이 더 빠르게 데워지고 식게 됩니다. 태양 복사에너지가 들어올 때 대륙이 더 빠르게 데워져 대륙에서 상승 기류가 우세하게 됩니다. 지구 복사에너지 형태로 열이 빠져나가며 지표면이 냉각될 때도 대양과 대륙의 비열 차이로 인해 냉각 시에는 대양보다 대륙에서 훨씬 더 빠르게 차가워지므로 대륙에서 하강 기류가 우세하게 됩니다. 결국 가열이 우세한 여름철에는 유라시아 대륙이 태평양이나 인도양보다 더 빠르게 데워지니 유라시아 대륙에서 상승 기류가 우세하고, 태평양과 인도양에서부터 유라시아 대륙 방향으로 바람이 불게 됩니다. 한중일 등 동아시아 지역은 남동풍이, 인도 등 인도양 북부지역은 남서풍이 우세하지요. 반대로 냉각이 우세한 겨울철에는 태평양과 인도양에서 상승 기류가 우세하고, 더 빠르게 식은 유라시아 대륙에서부터 태평양이나 인도양 방향으로 바람이 불게 됩니다. 한중일 등 동아시아 지역에서는 북서풍이, 인도 등 인도양 북부 지역에서는 북동풍이 우세하게 나타납니다.

계절풍이 1년 주기로 여름철과 겨울철에 정반대로 바뀌는 것처럼 하루 주기로 기류가 정반대로 바뀌기도 하는데, 이것이 바로 바다 연안에서 볼 수 있는 해륙풍입니다. 낮에는 비열이 큰 바다보다 비열이 작은 땅을 더 빨리 데우면서 상승 기류가 나타나고, 바다에서는 하강기류가 일어납니다. 반대로 밤에는 바다보다 땅이 더 빨리 식으면서 하강기류가 일어나고, 바다에서는 상승기류가 일어납니다. 그래서 낮에는 해양에서 육지로 부는 해풍이, 밤에는 육지에서 해양 방향으로 부는 육풍이 우세한 것이지요. 이처럼 변동하는 시간의 규모는 서로 달라도 해륙풍이나 계절풍 모두 육지와 해양 사이의 비열 차이 때문에 지표면의 가열과 냉각 속도가 달라져 대기 순환이 바뀌는 면에서는 유사합니다.

아시아 계절풍(몬순)

- 출처: 위키미디아, https://commons.wikimedia.org/wiki/File:MonsoonHeatSource.jpg

야누스의 얼굴을 가진 오존

- 오존층과 성층권 냉각

오존층 파괴가 왜 문제가 되나요?

대기 중 10~50km 높이인 대류권 상부에 위치하는 성층권에는 고도 20~25km 상공에 오존이 밀집된 **오존층**이 존재하는데, 성층권 오존은 대기 중 21%를 차지하는 산소 분자O_2가 태양 자외선과 화학 반응하는 과정에서 새로 생성되거나 소멸합니다. 산소 분자 3개$3O_2$ 중 1개O_2는 자외선에 의해 2개의 산소 원자$2O$로 분리된 후 각각의 산소 원자O는 남은 2개의 산소 분자O_2와 함께 오존 분자O_3를 하나씩 만들어 총 2개의 오존 분자$2O_3$를 만들게 됩니다. 따라서 태양 자외선 복사량이 많은 저위도 지역에서 오존 생성이 가장 활발합니다.

이렇게 태양 자외선에 의해 자연적으로 생성된 성층권 오존은 동식물과 우리 인간을 대부분의 자외선으로부터 보호해 주는 좋은 오존으로 부릅니다. 그런데 오존은 지표면에서 배출되는 대기 오염 물질의 화학 반응을 통해 인위적으로 만들어지기도 합니다. 그런데 이러한 오존은 동식물과 인간에게 이로운 것이라 할 수 없으므로 성층권 오존과는 달리 나쁜 오존으로 간주하기도 합니다.

즉, 나쁜 오존 농도가 증가하고 성층권의 좋은 오존이 감소하면 문제 됩니다.

인간 활동으로 배출되는 대기오염 물질 중 염소와 브롬을 포함하는 주요 반응 가스는 성층권 오존을 파괴해 오존층을 얇게 만드는 것으로 알려져 있습니다. 냉장고와 에어컨의 냉매로 사용되었던 염화불화탄소(CFCs, 일명 프레온가스)와 소화기에 사용되었던 할론 등이 오존층을 파괴하는 대표적인 물질입니다. 자연 상태의 대기에 존재하지 않는 염화불화탄소가 수십 년 동안 오존층을 점점 얇게 만들고, 특히 남극 오존층을 심각히 파괴했음이 알려지자 국제 사회에서는 염화불화탄소를 비롯한 오존층 파괴물질 배출량 감축을 목표로 하는 몬트리올 의정서를 1987년에 결의하였습니다. 이후 실제로 그 배출량을 크게 감축하며, 이 오존층을 상당 부분 회복하는 데에 성공하기도 했습니다. 이 일은 국제 사회에서 매우 빠르게 대처하여 성공적으로 해결한 사례라 할 수 있을 것입니다.

그럼 오존 농도와 오존층이 이처럼 변화를 겪는 가운데, 오존층이 위치한 **성층권**에서는 어떤 기후변화를 볼 수 있을까요? 놀랍게도 지표면 부근의 대류권에서는 지구온난화와 함께 기온이 상승하는 온난화가 진행 중이지만, 성층권에서는 반대로 기온이 하강하는 **냉각화**가 진행 중입니다. 과학자들은 최근 연구를 통해 온실가스 농도 증가에 따라 대류권이 점점 두꺼워지는 것과는 정반대로 성층권은 그 두께가 점점 얇아지고 있는 것을 확인했습니다. 이러한 성층권 수축은 대류권 팽창과 함께 최근의 인위적 기후변화가 인간 활동으로 발생하고 있는 것임을 보여주는 또 하나의 증거가 되기도 하지요.

과거에는 성층권의 오존층 파괴로 태양 자외선 흡수가 줄어들면서 주변 대기의 가열 기능이 약해진 것을 성층권 냉각화의 원인으로 생각했지만, 최근 연구를 통해 오존층 회복에도 불구하고 지속 증가한 온실가스 농도 때문에 성층권 냉각화가 발생함을 알게 되었습니다. 지표면 부근의 높은 온실가스 농도로 인해 지구에서 우주로 방출되는 지구 복사에너지가 성층권까지 잘 도달하지 못하니 성층권 냉각화가 진행되는 것입니다.

이렇게 성층권 냉각화가 지속되면 수많은 인공위성의 궤적, 궤도, 수명 등에 영향을 미치며, 라디오 무선 전파 방송 등과 위성항법장치GPS, 우주 기반의 전 지구적 위성항법 시스템 등에도 영향을 미칠 수 있습니다. 성층권과 비슷하게 중간권과 열권도 빠르게 차가워지고 있다는 연구가 발표되는 중이고, 또 성층권 기온이 계속해서 낮아지기만 하는 것이 아니라 갑자기 수십 도가 높아지는 돌연승온 현상도 보고되고 있습니다. 대류권 팽창과 반대로 대류권 바깥에서는 그야말로 '하늘이 무너지는' 중이니 앞으로 많은 연구가 있어야 합니다.

과학자들은 어떻게 미래의 기후를 예측하나요?

　　미래의 기후가 어떻게 변화할 것인지를 알아내려면 지구를 구성하는 기권, 수권, 지권, 빙권, 생물권의 모든 환경 변화와 이들의 유기적인 상호작용까지 완벽하게 이해해야 합니다. 이를 바탕으로 시간에 따라 변하는 지구환경을 계산할 수 있는 모델을 만들어야 하는데, 이런 모델은 현재의 과학기술 수준으로도 만들 수가 없지요. 그렇지만 앞 문장에서 '완벽하게'라는 단어만 제외하면 이렇게 수치로 계산하는 전 지구 기후모델을 만들어 미래의 기후를 예측하고 전망하는 노력이 과학자들에 의해 실제로 오래 전부터 현재까지 꾸준히 시도되고 있습니다. 오늘날에는 과거보다 더욱 정교한 모델을 통해 그 예측 정확도를 높이는 중입니다.

　　대표적인 사례로, 2021년 노벨 물리학상을 수상한 마나베 슈쿠로Manabe Syukuro 미국 프린스턴대 교수를 꼽습니다. 그는 물리학의 기본 법칙인 질량, 운동량, 에너지 보존을 바탕으로 가상의 지구환경을 모의하는 컴퓨터 코드라고 할 수 있는 '전 지구 기후모델'의 중대한 기틀을 마련했습니다. 그는 1967년에 발표한 논문을 통해 온실가스 증가 시 지표면과 대기의 미래 온난화 정도를 추정했는데, 대류의 영향과 수증기의 온난화 되먹임 효과 같은 물리과정을 반영한 이상적인 기후모델로 꽤 현실적인 미래의 기후를 예측할 수 있었습니다. 최근의 관측 결과는 당시 그의 기후모델 예측이 상당히 적중했음을 증명합니다. 특히 그는 온실가스 농도가 증가하면 대류권에서는 기온이 오르며 온난화되나 성층권에서는 반대로 냉각화가 일어나는 기후변화를 전망했는데, 이것도 적중했습니다. 이처럼 그의 노력 덕분에 오늘날처럼 인간 활동에 의한 온실가스 농도 증가 정도에 따라 미래 기후변화를 전망할 수 있는 기반이 구축되었다고 볼 수 있지요.

슈쿠로 교수와 함께 공동으로 2021년 노벨 물리학상을 수상한 독일의 대표적인 해양과학자 클라우스 하셀만Klaus Ferdinand Hasselmann박사는 더 나아가 기후모델에 해양을 접목했습니다. 이를 바탕으로 오늘날의 지구온난화가 인간 활동에 따른 인위적 기후변화에 해당한다는 과학적 근거를 제시할 수 있었습니다. 그는 1979년에 발표한 논문을 통해 흔히 '나비효과'로 알려진 변화무쌍한 기상으로부터 서서히 변하는 기후와 관련된 해양의 자연 변동 양상이 나타날 수 있음을 제시했는데, 이후 1993년에 발표한 논문에서는 기후변화의 여러 다양한 원인을 변동 양상으로부터 찾아내는 '지문fingerprints' 방법을 제안했습니다.

이들의 연구를 통한 초기 기후모델 연구 성과가 없었다면 오늘날 기후모델의 미래 기후 예측은 매우 어려웠을 것이며, 인위적 기후변화의 원인을 제대로 파악하지도, 탄소중립과 같은 정책적 해법을 제시하지도 못했을 것입니다. 그러나 기후모델 분야에는 여전히 수많은 난제들이 남아 있지요. 과학자들은 미래 기후를 예측할 때 필연적으로 포함되는 불확실성을 줄이기 위한 다양한 요인들을 찾아 기후모델을 지속 개선하는 중입니다.

바다라고 다 같은 바다가 아니다

- 해양 구조와 해빙 & 알베도 되먹임

해양의 수온은 수심에 따라 어떻게 다른가요?

대기 중 각 고도에 따라 기온이 서로 다르게 변화하는 것처럼 해양 내부에서도 서로 다른 수심에서 깊이에 따른 수온 변화를 볼 수 있습니다. 해양 내부는 흔히 3개의 수심층으로 구분합니다. 깊이에 따른 수온 변화가 거의 없이 일정한 수온을 유지하는 해표면 부근의 **혼합층**, 그 아래에서 깊이에 따라 수온이 급격히 감소하는 **수온약층**, 그리고 다시 그 아래에 낮은 수온으로 거의 일정하게 유지되는 **심해**를 말합니다. 심해는 매우 차고 균질의 해수로 채워져 있지요. 바닷물의 밀도는 수온이 낮을수록 증가하기 때문에 해표면 부근의 상층 해양에 위치한 고온수는 가볍고, 심해에 위치한 저온수는 무거워 깊이 가라앉아 있습니다.

해표면 가열과 냉각 정도는 위도에 따라 큰 차이를 보입니다. 저위도에서는 고위도에서보다 더 많은 열이 공급되므로 저위도 혼합층에서는 일반적으로 고위도의 혼합층에서보다 더 높은 수온을 볼 수 있습니다. 열대 해역에서는 표층 수온이 가장 높으며, 특히 전 세계적으로 가장 수온이 높은 해수가 위치한 열대 인도-태평양 해역을 웜풀warm pool로 부릅니다. 그러나 열대 해역에서도 수심이 조금만 깊어지면 수온이 급격히 낮아지는데, 특히 열대 해역에서는 깊은 곳의 해수가 상층으로 솟아오르는 활발한 용승 upwelling에 의해 수온약층이 중위도 해역에서보다도 더 얕은 수심에서 잘 발달합니다. 고위도 해역에서는 해표면의 가열보다 냉각이 우세하며, 해표면 수온이 가장 낮고 수심에 따른 수온 차이는 크지 않습니다. 즉, 표층에서부터 차갑고 무거운 저온의 해수가 분포하며, 일부 고위도 해역에서는 깊은 수심에서 수온이 오히려 증가하기도 합니다.

고위도 해역에서는 기온이 매우 낮고 해상풍에 의해 해표면 냉각이 활발하게 일어납니다. 해수의 어는 점이 담수보다 약 1.8도 낮은데도, 종종 수온이 어는 점 이하로 떨어지며 해빙海氷이 형성되기도 합니다. 이때 해빙 형성 과정에서 얼음 밖으로 소금이 빠져나오므로 주변 해수의 염분은 증가하게 되는데, 이를 **염분방출** brine rejection이라고 부릅니다. 해수의 밀도는 수온이 낮을수록 증가하지만 동시에 염분이 높을수록 증가하는 특성도 있으므로 수온이 거의 일정한 상태에서 염분방출에 의해 염분이 증가하여 해빙이 형성되는 결빙해역에서는 표층해수의 밀도가 증가하며 무거워져 심해로 가라앉으며 심층 해수가 형성됩니다.

거대한 대륙이 존재하는 남극과 달리 북극 주변은 바다로 되어 있는데, 이것이 바로 북극해입니다. 기온이 낮은 북극해의 상당 부분은 해빙으로 뒤덮여 있습니다. 여름에는 그 일부가 녹아 없어지기도 하고, 겨울에는 다시 얼어붙으며 생성되는 과정을 반복하지요. 그런데, 이러한 계절 변동 효과를 제거하면 장기적으로 북극해의 해빙은 현재 빠르게 소멸 중인데, 이것은 북극증폭arctic amplification으로 알려진 북극해의 빠른 온난화와 관련 있습니다. 북극해 표층에서 수온이 오르고 해빙이 빠르게 녹으면 해빙으로 덮인 면적이 감소합니다. 이에 따라 태양 복사에너지를 반사하는 비율, 알베도가 함께 감소하므로 북극해의 복사에너지 흡수가 증가하기 때문입니다. 북극해에 흡수되는 태양 복사에너지가 증가하면 다시 빠르게 온난화되면서 수온이 상승하고 해빙이 빠르게 녹게 됩니다.

북극해 해빙 면적 감소에 따른 알베도 감소로 태양 복사에너지 흡수가 증가하고 이에 따라 수온 상승과 해빙 감소가 더욱 빠르게 진행되며 해빙 면적이 크게 줄어들면, 다시 해빙 감소는 알베도를 감소시켜 복사에너지 흡수를 증가시킵니다. 이러한 북극해 온난화 증폭 과정은 **해빙＆알베도 되먹임**sea ice-albedo feedback으로 부릅니다.

북극해에서 멀리 떨어진 우리나라에서 왜 북극한파를 걱정하나요?

북극 소용돌이polar vortex 때문입니다. 원래 대류권 상공에는 서에서 동으로 흐르는 강력한 기류인 제트기류가 존재하고 있는데, 북극의 고기압을 둘러싸는 이 기류는 일정한 주기에 따라 강약 변화를 겪으며 진동하므로 이를 북극진동arctic oscillation이라고 합니다. 북극 소용돌이와 제트기류는 일반적으로 저위도와의 기온 차이가 큰 겨울철에 강화되는데, 같은 겨울철이라고 하더라도

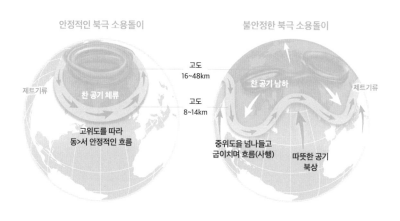

북극 소용돌이 　-출처: 미국해양대기청, https://www.noaa.gov/multimedia/infographic/science-behind-polar-vortex-you-might-want-to-put-on-sweater

해마다 특별히 강해지거나 약해지는 등의 변화를 겪지요. 북극진동지수가 양의 값일 때 강한 제트기류가 부는 것과 달리 저위도와의 기온 차이가 줄어들며 북극진동 지수가 음의 위상이 되면 제트기류가 약해지고 그 경로가 심하게 굽이치며 사행합니다. 이때 우리나라와 같은 북반구 중위도 일부 지역까지 북극 영향권이 확장하면서 북극한파를 가져오게 됩니다.

지구온난화로 북극증폭과 함께 북극해가 빠르게 온난화되면서 저위도와의 기온 차이가 점점 줄어들고 있습니다. 이렇게 되면 제트기류가 약해지며 심하게 사행하고 북반구 중위도에 있는 우리나라를 비롯한 동아시아 지역은 물론 북미와 유럽 일부 지역에도 심각한 북극발 한파를 몰고 오는 일이 점점 잦아지고 있는 듯합니다. 최근 미국 동부 지역의 이상 기후나 심지어 미국 남동부에 있는 텍사스주에서까지 심각한 한파로 알래스카보다 더 추운 겨울을 보내게 된 이유도 북극 소용돌이와 무관하지 않습니다. 지구온난화인데 왜 덥지 않고 추운지를 묻는 것은 북극 소용돌이와 같은 개념을 잘 이해하지 못해 가지는 의문일 것입니다.

지구온난화 때문에 빙하기가 온다니?
영화 〈투모로우〉의 진실

- 해양 순환과 기후

기후변화로 바다는 어떻게 변화하나요?

해수가 얼면서 수온이 낮아지거나, 방출된 소금으로 인해 염분이 증가하는 것 모두 표층해수를 무겁게 만드는 과정입니다. 결빙해역에서는 무거워진 표층해수가 가라앉으며 심층 해수가 생성되는 것으로 알려져 있습니다. 그런데 기후변화로 인해 빙하가 녹아 해수의 염분이 다시 감소하고 지구온난화로 인해 해수의 수온이 증가하면 표층해수가 충분하게 무거워지지 않아서 심층 해수가 생성되기 어려워집니다. 심층 해수 생성이 약화 되면 해양 컨베이어 벨트 순환ocean's conveyor belt circulaion에도 변화가 불가피하며, 기후를 조절하는 해양 순환에 문제가 생기면 더욱 심각한 이상 기후와 각종 기상이변을 초래하게 됩니다.

대서양 해류가 약화하면서 해양 순환이 원활하지 않게 되어 북반구에 빙하기가 도래하는 설정은 영화로 제작되기도 했는데, 〈투모로우(2004)〉가 바로 그것입니다. 실제로 만약 대서양 해류가 완전히 멈추는 경우 북반구 기온은 평균 1~2도, 북대서양 북부 일부 지역은 최대 8도까지 온도가 하강할 수 있는 것으로 알려져 있습니다. 과거 지질시대의 자연적인 기후변동성 해석 중에는 해양 순환 변화 때문에 특정 기간에 빙하기가 찾아왔던 것으로 보는 견해도 있습니다.

지구 표면은 사실 대륙보다 해양이 2배나 더 널리 분포되어 있습니다. 그래서 해표면을 통해 해양에서 흡수되거나 방출되는 열에너지를 이해하는 것은 전 지구적인 기후변화를 이해하기 위해서도 매우 중요한, 기후모델의 필수 요소입니다. 기후모델에서 해양에 의한 열 조절 기능을 제외하면 기후변화를 제대로 모의할 수 없기 때문에 해양을 빼고는 지구의 기후를 생각하기가 어렵습니다.

오늘날 지구온난화로 증가한 열의 약 93%는 해양에 흡수되고 있는데, 만약 해양이 이렇게 열을 흡수하여 지구온난화를 완화하지 않았다면 오늘날의 지구온난화는 이미 돌이킬 수 없는 수준에 이르렀을 것입니다. 어마어마한 양의 열에너지가 흡수되면서 해수의 수온도 오르고 해양 순환이 함께 변화하며 전 지구적인 물 순환에 변화를 가져오고 있는데, 이러한 해양 환경 전반의 변화를 이해하는 것은 앞으로 기후변화 대응을 위해 매우 중요한 과제가 되었습니다.

전 세계 해양, 즉 바다와 대양을 채우고 있는 해수는 모두 일정한 특성을 가진 것이 아니라 수온과 염분 등의 특성이 서로 다른 여러 종류의 해수로 채워져 있습니다. 이들은 처음 생성된 기원부터 해류를 타고 움직인 역사가 서로 다르므로 해수의 덩어리, 즉 수괴water mass라고 부르며, 해양과학자들은 이들 각각에 이름표를 붙이기도 합니다. 표층이나 중층에서 주로 발견되는 수괴들도 있지만 심층 해수를 구성하는 심층 수괴들도 있는데, 대표적인 것이 남극 저층수와 북대서양 심층수입니다.

남극 저층수는 남극 주변 연안에서 강한 활강풍 등에 의한 표층 냉각과 해빙 형성 과정의 염분방출로 인해 매우 무거워진 표층 해수가 가라앉으며 형성됩니다. 가라앉는 과정에서 밀도는 같으나 수온과 염분이 서로 다른 주변의 해수와 혼합됩니다. 이를 카벨링cabbeling이라 부르는데, 이 과정으로 더욱 무거워져 남극해의 수심 4,000m가 넘는 가장 깊은 수심까지 가라앉았지요. 한 곳에서 모두 형성되는 것은 아니고 몇몇 남극 연안에서 만들어진 수괴들이 서로 혼합되며 남극 저층수를 형성하는 것으로 알려져 있습니다. 앞서 이야기했듯이 해수의 어는 점은 순수한 물에 비해 낮아서 때로는 수온이 영하 0.8도인 매우 차갑고 염분이 높은 고밀도의 수괴입니다. 이 수괴는 남극 주변에서부터 해저면을 따라 태평양, 대서양, 인도양으로 퍼져나가 전 세계 심층 해양의 30~40%를 차지하며, 해양 컨베이어 벨트 순환의 남반구 심층 순환에서 핵심적인 역할을 합니다.

북반구에서는 북대서양 내 고위도 해역에서 심층 대류현상이 일어납니다. 심층 대류 현상은 대기중으로 열을 뺏긴 표층해수가 깊이 침강하는 현상을 의미합니다. 이 과정을 통해 주변 해수와 혼합하여 심해에서 남쪽으로 흐르는 독특한 수괴를 형성하는데, 이를 북대서양 심층수라고 합니다. 고위도 해역의 차가운 대기와 강력한 해상풍은 혼합층을 두껍게 발달시키고 표층해수를 깊이 침강시키며 대류 과정을 잘 발생시킵니다. 북대서양 심층수는 다른 대양에 비해 전반적으로 염분이 매우 높고 수온은 섭씨 2~4도로 차가운 편이며, 대서양 심층에서 남쪽으로 퍼져나가는 수괴입니다. 북대서양 고위도에서부터 남하하여 남대서양을 지나 남극해에 이르며 남극 저층수와도 접하게 되는데, 남극 저층수보다는 가벼워 그 위에 위치하게 됩니다. 그러나 남극 주변에서 형성되는 또 다른 수괴인 남극 중층수보다는 무거워 그 아래에 위치하므로 북쪽으로 확장하는 남극 중층수와 남극 저층수 사이에서 북대서양 심층수만 남쪽으로 확장하는 독특한 구조를 나타내게 됩니다. 남극 저층수와 함께 북대서양 심층수도 해양 컨베이어 벨트 순환에서 매우 중요한 역할을 합니다.

애국가 1절 첫 단어에 등장할 정도로 우리에게 의미심장한 동해에서도 자체적으로 심층 해수가 만들어지고 있습니다. 동해 북부 러시아 연안에서 겨울철에 생성되어 동해 심해를 채우고 있는 동해 저층수, 동해 심층수, 동해 중앙수와 같은 수괴들은 동해 심층 해수를 구성하는 현재까지 알려진 대표적인 수괴들입니다. 과거 1930년대의 동해 전역 조사를 통해 수온이 섭씨 1도 이하로 매우 차가운 심층 해수로 구성되어 있음이 알려지며 이를 동해고유수east sea proper water로 명명하기도 했습니다. 그러나 1990년 이후 정밀한 조사를 통해 이 심층 해수는 하나의 단일 수괴로 구성된 것이 아니라 적어도 3개 이상의 서로 다른 수괴들로 구성되어 있음이 밝혀졌습니다. 오늘날에는 동해 북부 해역의 해표면 냉각, 해빙 형성 과정의 염분방출, 심층 대류 등의 과정을 통해 여러 서로 다른 심층 해수가 동해 내부에서 생성 및 순환하는 것으로 알려져 있습니다.

바다는 지금도 우리에게
다가오고 있다

- 해수면 상승

지구온난화로 해수면이 점점 상승해 곧 육지가 바다에 잠긴다는 게 사실인가요?

오늘날 인위적인 기후변화로 전례 없이 빠른 속도로 나타나고 있는 지구온난화는 해수의 수온을 상승시켜 해빙이 점점 사라지도록 할 뿐만 아니라 육상에 있는 빙하도 빠르게 사라지도록 만드는 중입니다. 높은 산 정상부에 있는 만년설이 사라지는 것은 물론, 대륙 빙상 형태로 존재하는 만년설보다 훨씬 거대한 그린란드 빙상과 남극 대륙 빙상도 그 질량이 크게 줄어들어 우려의 목소리가 높습니다. 해수면이 좀 더 상승하면 투발루와 몰디브 등 저지대 국가들은 나라 자체가 사라지게 될 것입니다.

지난 수십 년간 만년설, 그린란드, 남극 대륙 등에서 녹아내린 빙하는 고스란히 바다로 흘러가 해수면을 상승시키는 중입니다. 해수의 수온이 오르면서 나타나는 열팽창 효과로 인해 해수면 상승은 이미 진행 중인데, 여기에 육상의 빙하가 녹아내리면서 해수면 상승이 가속화되어 문제가 심각합니다. 1900년부터 2015년 동안 전 지구 평균 해수면은 지속 상승해 왔는데, 그 상승률이 1900년부터 1930년까지의 기간에는 연간 0.6mm 수준이었다가, 1930년부터 1992년까지 기간에는 연간 1.4mm 수준으로 증가했고, 다시 1993년부터 2015년까지는 연간 2.6~3.3mm 수준으로 증가하였습니다. 이 결과는 해수면 상승의 가속을 의미하는 것이죠.

이처럼 해수면 상승 속도가 점점 빠르게 바뀌면서 미래 해수면 상승 전망치도 계속 수정되어야만 했습니다. 과거 최악의 시나리오에서 전망했던 해수면 상승 전망치보다도 더 높은 해수면 상승 전망치가 끊임없이 나타나 미래 해수면 상승 전망치를 수정해야만 하는 문제가 있습니다. 예를 들면, 과거 2007년에 과학자들은 2100년 평균 해수면을 2000년보다 0.2~0.5m 높아지는 수준으로 전망했습니다. 그러나 이후 해수면 상승이 가속화 중임이 알려지며 새로운 2100년 평균 해수면 전망치는 2000년보다 0.5~1.2m 높아지는 수준으로 상향 조정되었습니다. 가설에 따라서는 2.0m 이상의 해수면 상승을 전망하는 연구 결과도 제시되는 중입니다.

해수면이 상승하고 해안선이 내륙으로 점점 더 깊숙이 들어오면서 연안 침수 피해가 증가하는 것은 쉽게 생각할 수 있는 문제입니다. 사실 지구 평균 해수면이 연간 수 mm 수준의 작은 폭으로 오르는 게 별로 대수롭지 않게 여겨질 수도 있습니다. 실제로 인천에서는 조석 현상에 의해 밀물과 썰물 때 사이에 해수면이 하루 동안에도 최대 9m나 오르내리기도 하고 있으니, 1cm에도 못 미치는 작은 폭으로 서서히 일어나고 있는 해수면 상승이 그리 위협적으로 느껴지지 않을 수 있습니다. 그렇다면 왜 과학자들은 이처럼 작은 폭의 해수면 상승을 경고하는 것이며, 국제 사회에서는 해수면 상승을 우려하며 대응책 마련에 분주한 것일까요?

매일 매일 변화하는 기상에서의 1도 차이와 달리 장기간의 평균 상태인 기후에서의 1도 차이가 심각한 수준의 지구온난화 문제를 의미하는 것과 비슷한 맥락입니다. 조석 현상 등에 의해 매일 수 m씩 오르내리는 해수면과 달리 장기간의 평균 해수면 상태가 오르고 있다는 것은 해수면을 일정하게 유지하던 균형이 깨졌다는 심각한 의미를 가집니다. 즉, 해수의 수온이 올라 팽창하여 부피가 증가하고, 매년 수천억 톤 이상의 빙하가 새로 녹아 해양으로 흘러가면서 질량도 증가하여 거대한 면적의 해수면이 상승하고 있는 전 지구적 문제라는 점을 잊지 않아야 합니다. 또, 지구 평균 온도가 1.5도, 나아가 2.0도 올랐을 때의 돌이킬 수 없는 상황을 우려하는 것처럼 해수면 상승 속도가 이전보다 점점 더 빨라지는 점은 되돌릴 수 없는 변화를 일으킬 것이라는 우려도 있습니다.

전 지구 평균 해수면이 지속해서 오르는 불균형 상태에서는 내륙 깊숙이 해수가 들이닥치는 일이 점점 더 빈번해지게 될 것입니다. 전에 비해 침수 피해가 점점 더 증가할 것임은 물론, 해안도로가 더 자주 폐쇄되고 토양의 염분이 증가하여 농작물 피해도 심해질 것입니다. 기존의 평균 해수면 기준으로 설계된 방파제나 해안 시설 등을 상승할 해수면에 맞추어 모두 새롭게 정비하지 않는 경우 해일과 너울성 파도 등에 의한 일상적 피해 규모도 급증할 것입니다. 예를 들어 과거에 근접했던 태풍과 동일한 태풍이 다가올 때, 평균 해수면이 상승한 상태에서는 폭풍해일로 해수면이 높아지며 만드는 해일 피해 규모가 커질 수 있습니다. 해수면이 상승하여 연안 대도시에 더 가까이 해안선이 근접한 상태에서 해일이 발생하는 것이기 때문이지요. 더군다나 태풍 자체도 기후변화로 인해 점점 더 위력적으로 바뀌고 있습니다. 그래서 해수면 상승에 대비해 연안 주요 대도시를 포함한 전반적인 해일 피해를 줄이기 위한 각별한 노력이 없다면 그 피해 규모는 점점 더 증폭될 가능성이 큽니다.

천혜^{天惠}의 바다에서
죽음의 바다로

- 해양산성화

지구온난화로 바다에서는 또 어떤 일이 발생 중인가요?

기후변화로 나타나고 있는 해양에서의 변화는 해수의 수온 상승과 해수면 상승으로만 국한되는 것이 아닙니다. 해수의 수온이 오르고 빙하가 사라지며 심층 해수 생성도 약해지는데, 이로 인한 해양 순환이 변화하며 다시 기후에 영향을 미치는 등 여러 물리적인 변화가 연쇄적으로 발생하고 있습니다. 그뿐만 아니라 화학적으로도 해수의 특성에 변화가 생기며 해양생태계 전반을 위협하고 있는데, 이것 역시 대기 중 이산화탄소 농도 증가와 무관하지 않습니다.

산업화 이후 인류의 누적 탄소배출량 증가 속도와 달리 비교적 더딘 속도로 대기 중 이산화탄소 농도가 증가했던 것은 육상과 해양에서 대기 중 이산화탄소를 일부 흡수해 주었기 때문입니다. 문제는 해수의 수온이 상승함에 따라 대기 중 이산화탄소를 흡수할 수 있는 능력이 점점 약해지고 있다는 점입니다. 액체인 해수에 녹는 탄소 용해도는 수온이 낮을수록 높습니다. 지구온난화로 해수의 수온이 상승하면서 이산화탄소를 흡수해 주는 완충지로서 역할이 점점 사라지는 중입니다. 해양의 이산화탄소 흡수

역할이 줄어들수록 대기 중 이산화탄소 농도는 더 빠르게 증가할 수 있어 배출량을 더 급격히 줄여야만 한다는 문제가 있습니다.

또 다른 문제는 그동안 배출한 이산화탄소가 대기뿐만 아니라 해양에 녹아 용존 탄소 농도가 증가했는데, 용존 탄소 농도가 오르면서 해수의 산성도를 낮추어 해양생태계에 부정적인 영향을 미친다는 점입니다. 해수의 산성도는 8.0pH이 넘기 때문에 7.0pH 이하인 산성이 아니라 약한 염기성 상태입니다. 문제는 시간이 지날수록 이산화탄소가 점점 더 많이 해수에 녹아 pH를 낮추기 때문에 산성화되고 있다는 의미입니다.

해수 중 용존 이산화탄소 농도가 점점 증가하는 것과 다르게 용존 산소 농도는 전 세계 바다 곳곳에서 낮아지는 중입니다. 이에 따라 용존 산소 농도가 매우 낮은 무산소 환경의 바다를 일컫는 '죽음의 바다dead zones'가 점점 더 자주 곳곳에서 목격되고 있습니다. 해수가 산성화되며 탄산칼슘 골격을 가진 조개, 갑각류, 산호 등의 피해가 점점 심해지고 있습니다. 이렇게 **해양산성화와 빈산소화**, 그리고 해양온난화로 인한 수많은 해양생물의 스트레스 증가는 오늘날 심각한 위협에 놓인 해양생태계의 현실을 보여줍니다. 각종 해양생물의 피해가 심각해져 해양생태계가 완전히 황폐화하면 부지불식간 해양에 크게 의존해서 살아가고 있는 인류의 삶도 보장하기 어려워집니다.

해양산성화가 구체적으로 해양생태계에 끼치는 영향은 무엇인가요?

산업화 이전에도 해양산성화가 없었던 것은 아닙니다. 하지만 오늘날과 같이 해수의 pH의 빠른 감소 추세는 오랜 지구의 역사에서 찾아보기 어렵습니다. 이처럼 급속한 해양산성화로 인해 조개, 갑각류, 산호 등은 그 성장과 발달, 나아가 생존 문제까지 경험하게 됩니다. 극단적으로 표현하자면 골다공증처럼 해수가 탄산수로 바뀌면서 갑각류나 패류의 껍질에서 칼슘이 빠져나가 모두 녹아내리기 때문이지요.

이들의 피해는 해양생태계 건강 악화를 통해 인간에게 간접적인 피해를 줄 뿐만 아니라 직접적으로도 인간에게 심각한 영향을 미치게 됩니다. 조개, 가리비, 홍합, 굴, 전복, 소라 등의 패류는 비록 전 세계 수산 어획량의 작은 부분을 차지하나 양식산업에는 그 중요성이 크며 많은 사람들에게 단백질 공급원이 됩니다. 또, 산호초는 수많은 해양생물의 서식처를 제공하는 등 오늘날 해양에서 다양한 생태계를 형성하고 유지하는 가장 중요한 역할을 담당합니다. 그래서 해양산성화로 백화 현상이 일어나 산호초가 하얇게 변해버리며 산호 생태계가 무너지면 전반적인 해양생태계에도 악영향을 미치게 됩니다. 오늘날 산호초에 생계와 식량을 의존하는 인구가 무려 5억 명이라고 하니, 사람들에게 직접적인 피해도 가져올 것이 분명합니다.

이와 반대로 낮아지는 pH에 상대적으로 잘 적응하는 해파리는 해양산성화로 개체 수가 늘어날 것으로 전망됩니다. 그렇지만 이들은 어란과 치어, 그리고 어류의 주 먹이가 되는 동물성 플랑크톤을 잡아먹기 때문에 어류의 정상적인 성장과 생존도 크게 위협받을 수 있는 것으로 알려졌습니다. 이외에도 성게, 불가사리, 해삼, 멍게 등의 극피동물도 먹이사슬을 통해 밀접하게 연결되어 있어 해양산성화 영향을 받게 됩니다. 과학자들은 결국 해양생태계 전체가 무너지고 수산자원과 전반적인 생물다양성 감소로까지 이어지는 결과가 도래할 것을 우려하고 있습니다.

오늘날 해양생태계를 구성하는 다양한 해양생물이 받는 스트레스는 해양산성화 외에도 해양온난화와 용존산소 감소 등 다른 환경 요인과 복합적으로 작용합니다. 그래서 해양산성화가 해양생물 및 해양생태계에 미치는 직접적인 영향을 알아내기 쉽지 않습니다. 또 해양산성화가 간접적으로 생태계 구조와 기능에 어떤 영향을 미치게 될지 평가하고 예측하는 것은 더욱 어렵습니다. 과학자들의 지속적인 연구가 필요한 이유입니다.

지구 온도 1도 상승이 인류를 뒤흔들다 _ 기상이변

매년 새 기록을 경신하는 폭염과 태풍 _ 진화하는 자연재해

지구환경 파괴는 미래형이 아니라 현재진행형 _ 환경재앙

얼음이 녹는 것, 그 이상의 파장 _ 사라지는 빙하

앞으로 벚꽃을 2월에 볼 수 있다고? _ 기후대와 식생대 변화

지난 100년, 야생동물은 30%만 살아남았다 _ 생물다양성의 감소

자연은 인간을 기다려주지 않는다 _ 생태계 서비스의 붕괴

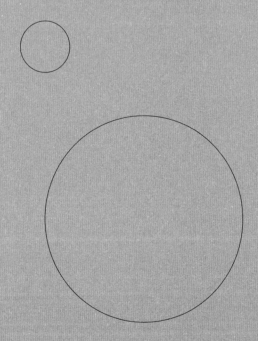

3장

우리에게
갑자기 들이닥친
기후재앙

지구 온도 1도 상승이
인류를 뒤흔들다

- 기상이변

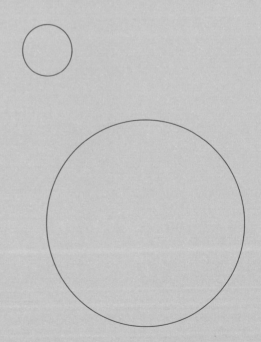

평균 기온이 겨우 1도 올랐는데 왜 일부 지역은 폭염이나 혹한의 날씨를 겪나요?

기상이변 때문입니다. 기상이변은 '보통 지난 30년간의 기상과 아주 다른 기상현상'을 말합니다. 원래 이변은 '예상치 못한 일'을 뜻하는데, 최근 지구촌 곳곳에서 과거 수십 년 동안 볼 수 없었던 이상 기상현상이 자주 나타나며 기상이변이라는 표현이 흔하게 쓰이고 있습니다. 인재人災와 달리 천재지변은 자연현상으로 인한 피해에 인간 활동이 영향을 받게 되므로 **자연재해**라고 합니다. 변화하는 기상현상에 대비하지 못한 곳곳에서 피해가 계속 발생하니 기상이변을 자연재해로 여기게 되었습니다.

그런데 이처럼 이상한 기상현상이 점점 더 자주 발생하는 것이 인위적 기후변화로 인한 것이라면 과연 순수한 자연재해라고 할 수 있을까요? 오늘날 흔히 기후재난, 기후재앙이라고도 부르는 각종 자연재해는 인간 활동에 따른 대기 중 온실가스 증가와 함께 나타나는 기후변화라는 면에서 인재의 성격도 지닙니다. 따라서 인재와 자연재해의 **구분조차** 어려워졌죠.

고작 1도의 지구 평균 기온 상승이 왜 일부 지역에서는 갑자기 섭씨 40도가 넘는 폭염을 일으키는 것일까요? 지구온난화인데 왜 오히려 심각한 추위가 찾아올까요? 사실, 현재까지 연구 결과만으로도 이미 오늘의 기후재난, 기후재앙, 나아가 기후비상이라 불리는 상황이 인위적 기후변화와 무관하지 않다는 것을 충분히 파악할 수 있습니다.

기후변화 과정에서 단순히 지구 평균 기온만이 아니라 극한 기온이 자주 발생하면서 이전보다 극심한 폭염이 나타나는 중입니다. 과거(1951~1980년)와 오늘날(2001~2010년) 이상고온현상이 나타난 지역을 비교할 때, 전 세계 육지 면적의 1%에서 약 10%로 거의 10배나 증가했습니다. 우리나라만 하더라도 1994년 예외적으로 발생했던 폭염과 열대야가 2010년대부터 더욱 빈번해지며, 폭염 일수가 2016년에는 22일, 2018년에는 31일을 기록하기도 했습니다.

미국에서 추운 날씨로 유명한 알래스카주에 전례 없이 따뜻한 겨울이 급작스럽게 찾아와 눈이 다 사라지기도 했습니다. 이와 반대로, 겨울에도 영상 10도 이상 유지할 만큼 따뜻했던 텍사스주에는 강력한 한파가 찾아왔습니다. 영하 20도 안팎까지 기온이 떨어지고 겨울 폭풍으로 인한 피해가 급증하면서 정전과 식수난으로 수백만 가구에 피해를 초래했습니다.

과학자들에 따르면 이처럼 알래스카보다 추운 텍사스를 보게 된 것도 앞서 배운 제트기류와 연결되어 있습니다. 기후변화로 인해 북극해 온난화가 빨라지며 상공의 제트기류가 약해져 심하게 사행蛇行하기 때문이라고 합니다. 제트기류가 사행하면서 알래스카는 제트기류의 남쪽, 텍사스는 제트기류의 북쪽에 위치해 텍사스에서 오히려 북극발 한파를 더 심하게 경험하게 된다는 것이지요. 텍사스 외에도 한반도가 위치한 동아시아와 유럽과 같이 북반구 중위도 곳곳에서 기후변화로 제트기류의 사행이 심해지며 종종 북극 영향권에 포함되어 극심한 한파가 찾아오곤 합니다.

이처럼 지구온난화로 알려진 지구 평균 온도 상승 자체는 고작 1도의 작은 변화지만 제트기류의 사행으로 더 큰 효과를 일으킵니다. 북반구 중위도의 일부 지역에서는 종종 전례 없는 한파가 찾아오거나 반대로 수십도 올라가는 극심한 폭염이 찾아오며 기상이변이 점점 더 자주 발생하게 되지요. 인간 활동에 따른 인위적인 기후변화로 인한 것이니 자연재해와 인재의 성격을 모두 지닌 기상이변은 기후변화와 무관하다고 볼 수가 없는 것입니다.

폭염과 한파 등의 극한 기온 현상 외에도 기상이변 현상으로 또 어떤 일이 있나요?

기후가 변화하며 동반되는 극단적인 현상은 기온에서만 나타나는 것이 아니라, 강수 등 다른 환경 변수에서도 분명하게 나타나고 있습니다. 한 곳에서는 비가 너무 많이 와서 폭우로 홍수가 나며 큰 피해가 발생하는 반면, 다른 곳에서는 너무 오랜 기간 비가 잘 내리지 않아 극심한 가뭄이나 대규모 산불도 발생하여 큰 피해를 가져옵니다.

우리나라도 2020년 긴 장마를 겪으며 곳곳에서 홍수와 산사태 등 여러 피해를 받았습니다. 그 당시 중국은 5월부터 9월까지 지속적인 초특급 폭우로 인해 중남부 일대가 완전히 물바다로 변했습니다. 이 일은 엄청난 인명 피해와 재산 피해를 발생시켜 21세기 중국 최악의 홍수로 기록되었습니다. 발생한 이재민 수가 5천만 명이 넘고, 24조 원이 넘는 큰 재산 피해를 기록했습니다. 당시 폭우로 인해 싼샤 댐 수위가 홍수통제 수위인 145m를 19m 넘긴 164m까지 올라가서 그 붕괴 우려가 논란이 되기도 했지요.

이러한 중국의 피해는 중국 내부 문제로만 끝나는 것이 아닙니다. 당시 중국산 희토류와 비료를 비롯하여 양쯔강 유역 주요 공장들의 침수 피해로 생산 물품의 상당수가 차질을 빚어 세계 경제에 파장을 미쳤습니다. 곡창 지대인 양쯔강 유역의 침수 피해는 농업 생산량을 크게 떨어뜨려 세계 식량 문제에도 영향을 끼쳤습니다.

반대로 오랜 기간 비가 내리지 않는 가뭄도 극한 강수 현상으로 인류에게 큰 피해를 가져오는 중입니다. 2019년 가을 호주에서 발생하여 2020년 봄까지 이어진 대규모 산불은 우리나라 국토 면적인 약 1,000만 ha(헥타르, 10,000m²)가 넘는 면적의 대지를 태운 최악의 산불로 알려져 있습니다. 당시 인명 피해는 물론, 수십 억 마리의 동물들까지 죽거나 서식지를 옮겨야만 했습니다. 특히 막대한 양의 산림이 파괴되어 이산화탄소 흡수력을 크게 떨어뜨리며 무시할 수 없을 정도의 이산화탄소 배출로도 이어졌습니다.

기후변화로 지구에 축적되는 열에너지가 증가하며 당시 2019년 가을에는 열대 인도양 수온 분포가 전에 없던 수준으로 변화했습니다. 최근 연구 결과는 이러한 인도양 수온 변화가 인도양 서쪽에 위치한 동아프리카 지역의 강수량은 증가시키고, 인도양 동쪽에 위치한 호주 등에서는 강수량을 감소시켰음을 알려줍니다. 즉, 당시 극심한 가뭄이라는 기상이변으로 시작된 호주 산불도 결국 기후변화의 산물이라는 것이지요. 호주에서 기록적인 고온과 심각한 건조 기후가 강화되어 산불 장기화 등의 피해를 받은 것도 이처럼 기후변화로 인한 변화와 무관하지 않습니다.

오늘날 건조해진 기후로 대규모 산불이 발생하면서 막대한 양의 이산화탄소가 대기 중으로 방출됩니다. 2020년 세계 곳곳에서 발생한 산불이 64억 톤, 즉 1년 동안 유럽 전역에서 화석연료 사용으로 배출된 이산화탄소의 2.5배에 해당하는 양이라고 하니 기상이변으로 인한 온실효과 강화도 우려하지 않을 수 없겠네요.

매년 새 기록을 경신하는
폭염과 태풍

- 진화하는 자연재해

장마나 가뭄 외에 다른 자연재해도 기후변화 때문인가요?

폭염, 한파와 같은 극한 기온이나 수문순환 변화에 따른 극한 강수가 기후변화와 무관하지 않다는 여러 연구 결과들이 제시되고 있습니다. 그렇다고 모든 자연재해가 늘 기후변화 때문이라는 것은 아닙니다. 인위적인 기후변화가 심해지기 이전에도 인류는 분명히 다양한 자연재해를 겪어 왔습니다.

그러나 기후변화가 심해지면서 나타나고 있는 전 지구적 환경 변화는 전통적인 자연재해의 성격까지 바꾸어 자연재해가 점점 진화하는 것으로 보입니다. 만년설이 사라지며 빙하가 누르던 압력이 변하므로 화산이나 지진 활동에 영향을 미치기도 하며, 강수량이 증가하면서 화산 분화를 촉진한 사례 연구 결과도 보고되었습니다. 폭설 역시 과거와 다른 이유로 발생할 수 있습니다. 유난히 빠르게 온난화되고 있는 북극해에서 해빙이 녹아 사라지며 북반구 고위도의 전반적인 수증기량이 증가해 우리나라를 포함하는 북반구 중위도에서는 지형적인 효과와 함께 종종 폭설도 쉽게 발생합니다.

오늘날 과학기술의 발달로 자연재해에 대한 감시 및 예측 능력이 향상되고, 사회의 자연재해 대비 수준이 전반적으로 높아지면서 인명 피해 규모는 과거에 비해 크게 줄일 수 있습니다. 일반적으로 후진국이나 개발도상국에 비해 선진국에서 인명 피해 규모가 작은 것도 자연재해에 대한 대비 수준이 높기 때문입니다. 그런데 인재의 규모를 월등히 뛰어넘어 오늘날 전 지구적 자연재해 피해 규모가 나날이 증가하는 것은 인류가 자연재해를 대비하는 속도보다 기후위기로 자연재해가 진화하는 속도가 더 빠르기 때문입니다. 기후가 변화하고 자연재해가 진화하며 그동안 꾸준히 높여 온 재해 대비가 무력화되는 셈이지요. 앞으로는 기후변화와 함께 진화하고 있는 자연재해에 대한 대비 수준을 더욱 빠르게 높이기 위한 노력에 많은 힘을 쏟아야 할 것으로 보입니다.

개별 자연재해 하나하나에 대한 대비를 강화하는 노력뿐 아니라 복합 재해에 대한 대비책을 마련하는 노력도 중요합니다. 서로 다른 자연재해가 상호작용하며 피해를 더하는 일이 자주 일어나기 때문입니다. 태풍이 상륙하며 강풍과 호우로 직접적인 피해를 주기도 하지만, 해일로 침수 피해를 주기도 하고, 전 지구적 해수면 상승과 함께 침수 피해 규모는 앞으로 더욱 증가할 수 있습니다. 또 강풍은 바다의 물결도 높게 만들어 선박과 항만 등에 피해를 줍니다. 육상에서도 호우가 심해지면 산비탈의 토양이 쉽게 흘러내리고 무너져 산사태나 지반이 내려앉는 일로 인한 주택, 건물 등의 붕괴와 도로 유실 등의 흔적이 남게 됩니다. 태풍 내습 시에는 천둥과 번개를 동반하는 강우로 인한 피해 역시 증가하는데, 기후변화로 더 위력적인 태풍이 내습할 수 있습니다. 이는 자연재해 사이의 상호작용으로 산사태, 홍수, 해일, 뇌우 등 관련된 여러 자연재해 피해 또한 함께 가중될 수 있음을 뜻합니다.

왜 기후위기 때문에 태풍이 강해지나요?

태풍, 허리케인, 사이클론은 지역적으로는 서로 다른 이름으로 불리지만 본질적으로 열대성 저기압 현상이라는 공통점이 있습니다. 이 현상들은 해수의 증발로 공급되는 수증기의 응결 과정에서 그 에너지를 얻기 때문에 수온이 높아 증발이 활발한 열대 해역에서만 생성될 수 있습니다. 열대 해양이 에너지원이기 때문에 다른 해역에서는 생성될 수 없다는 뜻이지요.

그런데 온실효과가 강화되며 지구온난화와 함께 대부분의 열에너지가 흡수되고 있는 해양에서 해수의 수온이 계속 오르고 있습니다. 열대 해역에서도 전반적으로 증발이 더욱 활발해지면서 더욱 위력적인 태풍이 만들어지기 쉬운 환경으로 변하는 중입니다. 실제로 열대 인도-태평양 해수의 수온은 지난 수십 년 동안 뚜렷하게 증가했으며, 일정 수온 이상의 해수로 구성된 인도-태평양 웜풀 해역의 면적도 점점 넓어지고 있습니다. 그래서 중위도에 더 가까운 곳에서 더 급격하게 강도가 증가할 수 있는 태풍, 허리케인, 사이클론이 빈번해질 것으로 전망하는 중입니다.

열대 인도-태평양 웜풀 해역의 수온이 증가하면서 태풍의 위력이 증가하는 연구 결과 외에 태풍의 경로 변화도 보여주는 연구 결과들이 발표되고 있습니다. 열대성 저기압이 생성되는 열대 해역은 동에서 서로 부는 동풍인 무역풍이 우세하여 열대성 저기압이 중위도로 움직일 때 서쪽으로 치우치며 이동하는데, 중위도에 도달하면 반대로 서에서 동으로 부는 서풍인 편서풍이 우세해지므로 그 이동 방향을 바꾸어 동쪽으로 치우치며 이동하게 됩니다. 예를 들면, 태풍은 열대 서태평양에서 생성된 후 한반도가 위치한 중위도의 동아시아 쪽으로 점점 북상하면서 처음에는 서쪽으로 치우치다가 중위도에 근접하면 방향을 바꾸어 동쪽으로 치우치며 이동하지요. 이러한 대략적 경로는 거의 모든 태풍에서 볼 수 있지만 구체적인 이동 경로는 태풍마다 다르며 기후변화로 이러한 이동 경로도 점점 변화할 수 있어 적절한 대비를 해야 할 필요가 있습니다.

기후변화에 따라 가까운 미래에 슈퍼 태풍, 초강력 허리케인, 초강력 사이클론이 우리가 예상치 못하는 경로로 기습 상륙하는 일이 빈번해지지 않기를 바라야 합니다.

지구환경 파괴는
미래형이 아니라 현재진행형

- 환경재앙

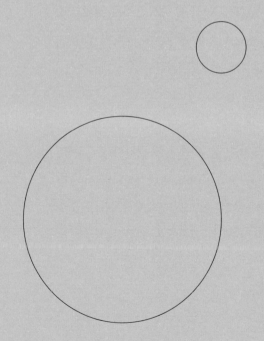

환경오염이 기후에도 안 좋은 영향을 미치나요?

기후 문제가 아니더라도 우리는 이미 심각한 지구환경 오염 문제를 겪고 있습니다. 하늘과 땅과 강과 바다가 모두 심각하게 오염되며 전 지구적 환경문제로 자리 잡은 것과 같이, 사실 **환경 오염도 기후에 영향을 미치는 중입니다.** 환경오염으로 생태계가 건강하지 못하면 기후를 안정적으로 유지하는 기능을 제대로 담당하지 못하기 때문입니다. 플라스틱을 비롯한 각종 쓰레기 유출과 유조선 및 시추선 사고에 따른 기름 유출 등으로 해양환경이 심각하게 오염되는 경우를 생각해 봅시다. 그러면 해양생태계의 근간이 되는 플랑크톤이나 해조류 등의 광합성에 문제가 발생해 산소 공급 기능이 약해지고 온실가스인 이산화탄소가 더 늘어나 지구온난화를 악화시킵니다.

각종 호흡기 질환을 일으키는 등 인체에 유해하다고 알려진 미세먼지, 초미세먼지 같은 대기오염 문제도 마찬가지입니다. 과거 수많은 사람을 죽음으로 내몰았던 스모그 사례에서처럼 오염된 대기 자체로도 유해합니다. 동시에 대기오염은 인위적 기후변화 요인에도 해당하므로 기후 문제의 해결을 위해서도 예의 주시해야 할 부분입니다. 온실가스와 달리 입자 크기가 작은 미세먼지 등은 지구에서 나가는 지구 복사에너지보다는 지구로 들어오는 태양 복사에너지에 더 많은 영향을 미치게 됩니다. 즉, 미세먼지 농도가 높아지면 태양 복사에너지를 더 많이 차단하고, 구름 생성에도 영향을 미치기 때문에 지구온난화를 완화하고 그 반대로 지구냉각화에 기여하지요.

만일 미세먼지 농도의 증가 없이 온실가스 농도의 증가만 있었다면 지구온난화는 이미 지금보다 훨씬 더 심각한 수준에 도달했을 것입니다. 이미 돌이킬 수 없는 수준의 지구온난화로 손쓸 수 없는 상황이 되었을 것이지요. 지구온난화를 더 악화하든지 반대로 지구냉각화에 더 기여하며 지구온난화를 완화하든지, 중요한 것은 미세먼지도 온실가스처럼 지구의 기후를 인위적으로 변화시키는 중요한 요인이라는 점입니다. 따라서 대기오염 문제뿐만 아니라 기후 문제에 대한 대응을 위해 미세먼지를 잘 감시해야 합니다.

대기오염, 해양오염, 수질오염, 토양오염, 방사능오염에 이르기까지 오늘날 지구환경의 심각한 총체적 오염으로 인해 자연생태계 파괴는 이미 심각한 수준의 파괴를 경험 중입니다. 마스크와 일회용품 등의 플라스틱은 시간이 지나도 물에 잘 분해되지 않기 때문에 바다로 흘러가 심각한 해양오염을 유발합니다. 바다에 오래 머물며 잘게 부서진 플라스틱은 결국 미세플라스틱이 되어 눈에는 잘 보이지도 않게 됩니다. 오늘날 한반도 주변은 물론이고 심해나 극지 해역에까지 전 세계 해양 곳곳의 미세플라스틱 농도가 크게 오르는 등 과학자들의 우려가 큽니다. 이러한 해양환경 오염은 각종 해양 동식물에게 큰 피해를 주는 것은 물론, 결국 인간의 밥상에까지 오게 되어 우리에게도 피해를 주게 됩니다. 환경오염으로 인한 생태계 파괴는 고스란히 인간을 비롯한 모든 동식물의 피해로 나타나기 때문에 환경재앙이라 부르는 것이지요.

절멸하는 생물종이 많아져 생물다양성biodiversity 손실이 계속 발생하면 우리 인간이 그저 불편함을 느끼는 정도로 그치는 것이 아닙니다. 나아가 인류가 아예 더는 지구에 거주할 수 없도록 만들기까지 하므로 환경재앙을 막기 위한 노력은 온실가스 감축 노력과 함께 반드시 중요하고 긴급하게 임해야 할 이슈입니다. 지구환경의 오염 정도를 측정하고 분석하며 각종 자연생태계 건강성을 평가하는 동시에 건강한 생태계로 복원하려는 노력이 없이는 결국 기후위기 해결도 불가능할 것이기 때문입니다.

미세먼지는 옛날부터 존재했나요?
아니면 환경오염 때문에 생겨난 물질인가요?

온실가스와 마찬가지로 우리가 흔히 미세먼지라고 부르는 대기 중 에어로졸 성분의 상당 부분은 자연적으로 존재했던 것이 아니라 산업화 이후 인간 활동으로 인해 인위적으로 배출된 것입니다. 물론 사막의 모래먼지나 화산재, 또는 산불 발생 시 나오는 에어로졸 성분들처럼 자연적으로 발생하는 에어로졸 성분이 없는 것은 아닙니다. 그렇지만 중국발 미세먼지, 공장에서 나오는 매연, 고기를 구울 때 나오는 성분 등은 모두 인위적으로 인간 활동 과정에서 배출된 것들입니다.

에어로졸은 연무질 또는 분진이라고도 합니다. 이는 대기 중 고체 혹은 액체 형태로 부유하며 존재하는 미세한 입자를 의미하는데, 그 크기는 0.01~100㎛ 범위로 눈에 잘 보이지 않고 매우 가벼워 천천히 가라앉으므로 대기 중에서 잘 확산하며 체류할 수 있습니다. 이 중 입자의 크기로 미세먼지와 초미세먼지를 구분합니다. 지름이 10㎛ 이하면 미세먼지, 지름이 2.5㎛ 이하면 초미세먼지로 구분합니다. 특히 인위적인 에어로졸 성분에는 아황산가스, 질소 산화물, 납, 아산화질소, 오존, 일산화탄소 등을 포함하는 대기오염 물질이 포함되어 인체에도 악영향을 미치는 것으로 알려져 있습니다.

유해성 에어로졸 농도가 높아지는 대기오염이 인체에 어떤 영향을 미치는지 잘 보여주는 대표적인 사례는 다음 두 사건입니다. 바로 1940년대 수많은 사람들의 일상생활에 지장을 주고 고통을 안겨준 것으로 알려진 로스엔젤레스 스모그 사건과 1952년 12월 수천 명 이상의 사망자를 발생시킨 것으로 알려진 런던 스모그 사건입니다. 로스엔젤레스 스모그 사건은 주로 자동차 배기가스 속에 포함된 탄화수소와 질소 산화물의 혼합물이 태양 빛에 노출되어 광화학반응에 의해 발생했습니다. 닷새 간의 스모그 기간동안 최소 20명의 사망자와 6천 명 이상의 질환자가 발생했으며, 그 후에도 수많은 노약자가 호흡기 계통 질환으로 숨졌습니다. 런던 스모그 사건은 가정용 난방 및 공장과 발전소의 석탄 연료 사용에 따라 배출된 일산화탄소, 이산화황 등이 짙은 안개로 지표면에 축적되며 발생한 전혀 다른 성격의 대기오염입니다. 이 당시 아황산가스가 황산 안개로 변해서 호흡장애와 질식 등에 의한 사망자가 첫 3주 동안 4천 명에 달했고, 그 후에도 만성 폐 질환으로 수천 명의 사망자가 발생했지요. 이 두 사건의 여파로 스모그의 성질에 따라 두 지역의 이름을 따서 '런던형' 혹은 '로스엔젤레스형'으로 스모그를 구분합니다.

그 이후 대기오염에 대한 조사가 이루어지고 특히 입자가 작은 에어로졸은 폐까지 침투하여 인체에 치명적인 악영향을 미치는 것이 알려집니다. 이에 오늘날에는 세계보건기구에서 가이드라인을 제시하고 각국은 자체적인 환경기준을 통해 대기질을 관리하는 중입니다. 동아시아의 대기오염 문제가 매우 심각하며 이것이 우리가 코로나19 팬데믹 이전에도 종종 마스크를 써야만 했던 이유입니다. 비록 에어로졸이 태양 복사에너지를 차단하고 구름을 더 잘 만들어 지구온난화를 완화해 주는 등 기후위기 대응에는 긍정적으로 작용하는 것이 사실입니다. 그렇지만 동시에 대기오염 문제는 온실가스와 함께 다른 오염물질 역시 그 배출량을 줄여야만 한다는 점을 잘 알려줍니다. 최근에는 서울시에서도 초미세먼지의 주요 원인이 되는 질소산화물 감축에 집중할 계획을 제시했으며, 자동차 분야, 난방·발전 분야, 건설기계 분야 등 각 분야별로 수만 톤의 배출량 감축을 목표로 하고 있습니다.

얼음이 녹는 것,
그 이상의 파장

- 사라지는 빙하

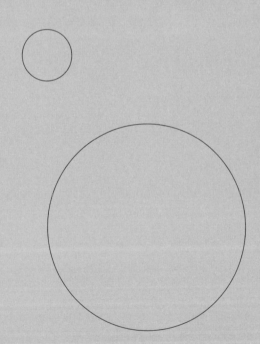

빙하가 녹고 있다는데 어디서, 얼마나 녹고 있는 것일까요?

기후변화로 오늘날 지구 빙권cryosphere을 구성하는 빙상, 해빙, 만년설, 영구 동토 등에서는 얼음이 녹으며 빙하가 사라지는 급격한 환경 변화가 진행 중입니다. 극지와 그 주위의 한대 지역에는 얼음으로 뒤덮인 넓은 빙하 영역이 존재합니다. 그 영역의 면적이 5만 km²를 넘는 경우를 **빙상**이라고 부르죠. 그린란드 빙상과 남극 빙상은 육상에 존재하는 빙하의 99% 이상에 해당할 정도로 거대한 얼음이지요. 즉, 지구상 빙하는 대부분 빙상 형태로 존재합니다.

그린란드는 육지 대부분의 면적이 빙상으로 덮여 있고, 그중에는 두께가 무려 3km 이상인 곳도 많습니다. 과학자들은 인공위성을 통해 2002년부터 현재까지 빙상 두께를 지속 감시하고 있는데, 특히 그린란드 연안에서는 매우 **빠른** 속도로 그 두께가 얇아지며 연간 2,810억 톤에 해당하는 빙하가 엄청난 속도로 사라지는 중입니다. 이것은 전 세계 인구 77억 명으로 나누면 1인당 매년 36톤, 즉, 달마다 3톤 트럭을 가득 채운 만큼의 얼음을 전 세계 모든 사람이 그린란드에서 바다로 옮기는 정도입니다. 그린란드 빙상이 모두 녹게 되면 전 세계 평균 해수면은 무려 7m 이상 상승하게 됩니다. 빙상 가장자리에 있던 부분이 부서지며 바다로 떨어져 나가는 것을 빙괴분리 혹은 칼빙calving이라고 하는데, 그린란드 빙상 표면의 얼음이 녹으면서 과거보다 칼빙이 더 많아지고 있어 빠른 빙상 손실에 대한 우려의 목소리가 높아요. 마치 사탕을 입안에서 천천히 녹이는 것이 아니라 깨물어 잘게 부스면 더 빨리 녹는 것과 같은 이치입니다.

지구상 가장 거대한 빙상인 남극 빙상에서도 심상치 않은 속도로 빙하가 사라지는 중입니다. 아직 그린란드보다는 사라지는 빙하 손실량이 적지만 전체 빙하의 규모가 워낙 크기 때문에 만약 남극 빙상이 모두 녹으면 무려 58m에 달하는 평균 해수면 상승이 일어나게 됩니다. 남극 대륙은 서남극과 동남극으로 구분하는데, 빙상 두께가 매우 두껍고 눈이 많이 내리는 동남극에서는 녹아서 손실되는 빙하량보다 결빙하며 새로 생겨나는 빙하량이 더 많습니다. 하지만 서남극에서 활발한 칼빙과 함께 빙상이 바다로 자주 흘러나오며 그린란드보다도 더 빠른 속도로 사라지는 중입니다. 표면의 얼음이 녹는 그린란드 빙상과는 달리, 서남극의 빙상 손실은 일부가 바다로 흘러나와 떠 있는 부분 아래로 수온이 높은 해수가 파고 들어가며 발생합니다.

대륙에 자리한 빙상처럼 바다에 둥둥 떠 있는 빙하인 **해빙**도 녹아 사라지고 있습니다. 해빙은 녹아도 해수면을 크게 상승시키지 않지만, 북극해와 같이 해빙으로 뒤덮인 바다에 막대한 영향을 줍니다. 해빙 면적이 줄어드는 것은 해빙-알베도 되먹임을 통해 반사되는 태양 복사에너지를 줄이고 대부분 흡수되도록 하여 북극해를 빠르게 온난화시키기 때문에 역시 우려의 대상입니다. 지구온난화를 더 가속하기 때문이지요. 과거 1979년부터 2016년 동안 매년 9월의 북극해 해빙을 추적 관측한 결과 해빙 면적이 약 43% 감소했습니다. 해빙이 잘 생성되지 않으면 염분방출을 통한 심층 해수의 생성도 원활하지 않아 해양 순환까지 영향을 미칠 수 있으므로 해빙의 감소 역시 경계해야 할 부분입니다.

비단 극지방이 아니더라도 고산 지대에는 여름에도 녹지 않고 결빙 상태로 남아 있는 **만년설**과 고산 빙하가 존재하는데, 현재 이들도 빠르게 녹아 사라지며 고산 기후에 사는 사람들의 식수 문제를 비롯한 많은 문제를 일으키는 중입니다. 세계기상기구WMO에서는 현재의 속도로 지구온난화가 진행되면 2040년경에 아프리카 최고봉인 킬리만자로의 빙하도 완전히 사라질 것으로 전망하고 있습니다.

그 외에도 빙하는 아니지만 영하의 온도로 2년 이상 유지되는 지하 토양을 뜻하는 **영구 동토**가 있는데, 시베리아, 캐나다, 알래스카 등지의 추운 지역에 위치하며 북반구 육지 면적의 약 24%를 차지하는 영구 동토가 점점 더 녹고 있는 중입니다. 문제는 영구동토가 녹으면서 얼어있던 동식물의 잔해에서 미생물과 온실가스가 배출된다는 것입니다. 배출된 온실가스는 지구온난화를 악화시키고, 얼어 있던 세균과 바이러스도 다시 활동하게 됩니다. 더 나아가 얼었던 지하 토양이 녹아내리며 지반이 불안정해지는 바람에 산사태, 지반침하, 대규모 암석 붕괴 등을 일으켜 직접적인 자연재해 피해도 일으키게 됩니다.

해수면 상승 외에 빙하가 녹으면 안 되는 이유가 더 있을까요?

빙하가 사라지는 것은 해수면 상승 문제만으로 끝나지 않습니다. 만년설이 사라지며 현재 약 10억 명의 사람들이 거주하고 있는 고산 기후 지역에서 심각한 식수 문제를 겪고, 영구 동토가 녹으며 메테인이 대기 중으로 방출되기 때문에 더욱 급격하게 온실가스 감축을 해야만 하는 상황이 되었습니다. 또, 북극해 해빙이 사라지면서 북극해가 빠르게 온난화됨에 따라 북극한파와 같은 북반구 중위도의 극단적인 기상이변이 심화 중입니다. 그 외에도 빙하가 사라지면서 전 지구적으로 발생한 파급 효과 중 가장 심각한 이슈는 바로 빙권 환경에 적응하여 서식하고 있었던 자연 생태계의 파괴일 것입니다.

북극해, 알래스카 등 북극권과 툰드라 지역에 걸쳐 서식하는 북극곰은 먹이사슬의 꼭대기에 위치하는 최상위 포식자로서 북극 생태계의 균형을 유지하는 데 중요한 역할을 합니다. 북극곰은 먹이를 찾는 사냥을 하거나 번식을 위해 먼 거리를 걷고 헤엄쳐 다니는 것으로 알려져 있는데, 생존을 위해서는 많은 양의 지방이 필요해 사냥을 통해 지방을 섭취하는 것이 매우 중요합니다. 그런데 기후변화와 함께 북극해 해빙이 빠르게 사라지며 북극곰이 그 서식지를 잃어가고, 주 먹잇감인 바다표범과 물범을 사냥하는 동안 쉴 수 있는 해빙이 사라지게 되니 사냥 성공 확률이 줄어들었다고 합니다. 먹이 없이 지내는 기간이 길어지면서 결국은 생존을 위해 먹이를 찾아 사람들이 사는 지역에 출몰하는 일도 빈번해지는 중입니다. 북극곰 문제로 알 수 있는 것처럼 북극해에서 사라지는 빙하는 오늘날 북극 생태계 전반의 훼손으로 이어지는 중이며, 제대로 이해하고 대응하기 위해서는 앞으로 많은 연구가 필요합니다.

빙하가 사라지며 생태계 변화를 가져오는 사례는 북극곰 외에도 많습니다. 북부의 영구 동토층 중에는 기후변화로 인해 수백년 혹은 수천 년 만에 처음으로 노출되는 지역도 있습니다. 이로 인해 높아진 대기 중 온실가스 농도도 문제지만, 오랜 기간 얼어붙어 있었던 유기체 중 어떤 것들이 깨어나 인간을 포함한 생태계에 미칠 영향을 아직 온전하게 파악하지 못한 점도 문제입니다. 이미 2018년에는 시베리아 영구 동토층이 급속도로 녹으며 탄저균이 발생해서 순록 20만 마리와 어린아이가 사망한 사건도 있었어요. 앞으로 어떤 미생물, 박테리아, 바이러스 등이 급속도로 녹고 있는 영구 동토층에서 나타나게 될지 연구가 지속되어야 할 이유입니다.

앞으로 벚꽃을
2월에 볼 수 있다고?

- 기후대와 식생대 변화

한반도의 사계절이 사라진 것 같아요.
어떤 변화가 일어나고 있나요?

지구상 가장 추운 곳과 가장 더운 곳의 기온 차이는 수십 도에 달하며, 지구에는 홍수가 빈번한 지역이 있는가 하면 비가 거의 오지 않는 건조한 사막도 존재합니다. 이들은 산업화 이후 인위적 기후변화가 발생하기 전부터도 존재했습니다. 즉, 지구에는 원래 열대 기후, 건조 기후, 온대 기후, 냉대 기후, 한대 기후로 구분되는 다양한 기후대climate zone가 있지요. 그런데 기후가 변화한다는 의미는 오랜 기간 그 자리에 고정되어 있던 기후대가 더 이상 고정되어 있지 않고 바뀌는 중임을 뜻합니다.

온대 기후와 냉대 기후가 모두 나타나는 한반도에서는 기후변화로 냉대 기후 영역이 줄어들며 온난하고 습윤한 온대 기후 영역은 점점 더 늘어나고 있습니다. 온대 기후 영역이 늘어나면서 동시에 열대에 가까운 기후라는 의미로 사용하는 아열대 기후도 나타나고 있습니다. 아열대 기후에서는 사계절의 변화가 뚜렷하지 않고 고온기와 저온기의 구분만 가능하며 기온의 연교차가 매우 큰 특성이 있습니다. 그래서 무더운 여름이 지나면 높고 구름 없는 가을 하늘을 볼 줄 알았는데 갑자기 겨울이 찾아오는 현상도, 반대로 추운 겨울이 지나고 만물이 소생하는 봄이 찾아오는 듯하다가 5월만 되어도 초여름 날씨를 보이는 등의 변화를 한반도 아열대화라고 부르는 것입니다.

한반도 아열대화는 한반도에 사는 동식물의 서식지를 바꾸기 때문에 생태계 변화를 동반하게 됩니다. 온도와 습도 등의 환경 조건에 따라 최적의 서식 환경에서 생활하는 동식물은 기후변화로 그 환경 조건이 바뀌면 최적의 서식 환경을 찾아 함께 대규모로 이동해야만 합니다. 특정 생활 공간과 그 속에 살아가는 생명체들은 서로 관계를 맺으며 생활공동체를 만드는데, 이를 생태계라고 부릅니다. 오늘날에는 기후변화로 식물생태계 전반이 변화하는 중입니다. 예를 들면 최적 서식 조건을 따라 위도나 고도가 비슷한 곳에 띠 모양으로 분포하는 식생 지역을 **식생대**vegetation zone라고 하는데, 식생대 분포 역시 지구온난화로 인해 크게 변화하고 있습니다.

나무가 자랄 수 있는 경계선을 의미하는 수목한계선은 지구온난화와 함께 점점 더 위도가 높은 지역으로, 그리고 고도가 더 높은 지역으로 이동하고 있습니다. 고위도 지역이 더 넓어지거나 산이 더 높아지지는 않으므로 결국 수목한계선의 이동은 고위도나 고산지역 식물 재배면적이 축소되거나 아예 소멸함을 뜻합니다. 인간 활동에 의한 기후변화가 식물생태계 파괴로 이어짐을 알 수 있는 대목입니다. 한반도 역시 이러한 수목한계선 변화를 피할 수 없습니다. 예를 들면, 우리나라 남부 해안지역에 분포하는 동백나무는 연평균기온이 2도만 상승해도 서울 등의 중부 내륙지역에서 생육이 가능해진다고 합니다.

현재 기후대와 식생대의 이동 속도는 오랜 지구 역사에서 볼 수 없었던 매우 빠른 속도로, 여러 식물 종들이 이를 따라잡으며 적응하기가 쉽지 않아 보입니다. 여기에 인간 활동에 의한 인위적인 토지 이용 변화로 서식지가 나뉘고, 오염 등으로 여러 환경 스트레스가 더해지니 전반적인 식물생태계의 건강을 우려하지 않을 수 없겠지요. 문제는 기후변화로 산림 식생대가 이동하고 생물 다양성이 변화하며 산불이나 산사태 등의 자연재해 피해와 병충해 피해가 가중됩니다. 그로 인해 산림생태계의 건강에 문제가 생기면 대기와 이산화탄소 교환량이 바뀌어 다시 기후에 영향을 미치게 된다는 점입니다. 기후대를 이동시키고 있는 오늘의 기후변화는 식생대를 포함하여 식물생태계 전반의 변화와 불가분의 관계라 할 것입니다. 또, 식물생태계 전반의 변화는 필연적으로 동물생태계의 변화를 가져옵니다. 동식물이 서로 관계를 맺으며 공생하는 생태계를 구성하기 때문입니다. 오늘날 기후변화로 한반도를 포함한 전 지구적 생태계 변화가 심각하게 진행 중인 상태라는 것은 인류의 생존에도 심각한 위협이 됩니다.

우리나라도 기후변화로 꽃들의 개화 시기와 농작물 재배지가 바뀌고 있나요?

네, 그렇습니다. 진달래, 개나리, 벚꽃 등 봄꽃의 개화 시기가 점점 앞당겨지고 있는데, 이것도 기후변화로 인한 환경 변화에 따른 것이라 일찍 피는 꽃을 반길 수만은 없는 노릇이지요. 2022년 서울의 벚꽃 개화 시기는 3월 28일로 평년(1991-2020년)보다 13일이나 일찍 피었다는 것인데, 심지어 2021년에는 서울 종로구 송월동 서울기상관측소에 있는 벚꽃 기준 표준목에서 3월 24일에 벚꽃 개화가 관측되어 1922년 관측을 시작한 이래 가장 이른 개화를 볼 수 있었습니다. 기상청은 당시 2, 3월의 평균 기온이 평년에 비해 높았고, 일조 시간도 평년보다 더 많았기 때문으로 분석하고 있습니다.

산림청 국립산림과학원에서는 2020년 서울 동대문구 홍릉숲 수종 조사 결과를 발표했습니다. 최근 5년간의 봄꽃 개화일을 과거 40년(1975-2015년) 기간의 개화일과 비교한 결과 미선나무는 약 4일, 흰진달래는 약 5일, 매실나무는 약 8일 정도 개화일이 앞당겨진 것으로 밝혀졌습니다. 지구 평균 기온이 상승하며 평년에 비해 따뜻한 봄 날씨가 이어지면서 봄꽃이 더 일찍 필 수 있다는 것이지요. 이대로면 21세기 후반에는 개화 시기가 최대 2월 말까지 앞당겨질 수도 있는 전망입니다. 우리나라를 포함하는 중위도 온대지역에서는 일반적으로 평균 기온 1도 상승 시 개화 시기가 약 5~7일 정도 앞당겨진다고 합니다.

기후변화로 농작물 재배지가 달라지면서 작물지도가 바뀌고 결국 우리의 식탁을 바꾼다는 점은 이제 상식이 되었습니다. 우리나라도 예외는 아닙니다. 1980년에는 전국에 걸쳐 형성되어 있던 사과 재배지가 1995년 이후에는 충남 일부, 충북, 경북으로 집중되었고, 21세기 말에는 강원도 일부 지역에서만 재배할 수 있을 것으로 전망됩니다. 제주를 대표했던 감귤은 1990년대부터 재배 감소 추세를 보이더니 2000년대부터는 경기도 이천과 충남 천안 등 내륙에서 재배되고 있습니다. 또, 기상이변과 함께 특정 작물 수급에 차질을 빚는 경우도 빈번해지고 있는데, 최근 '양상추 빠진 햄버거', '토마토 빠진 햄버거' 판매가 이뤄지며 이슈되기도 했습니다.

지난 100년, 야생 동물은 30%만 살아남았다

- 생물다양성의 감소

기후변화로 많은 동식물이 멸종하면 무슨 일이 일어나나요?

육상과 해양의 모든 동식물은 다른 동식물에 서로 크게 의존하기 때문에 식생대 이동과 같은 거대한 식물생태계 전반의 변화는 그대로 동물생태계의 변화로 이어지게 됩니다. 육상과 해양의 모든 동식물은 기후변화로 나타나는 서식지 환경 변화에 최대한 적응하려고 노력할 것입니다. 이러한 변화에 잘 적응하는 종은 기후위기를 성공적으로 극복하여 오히려 번식이 활발해집니다. 또, 기후변화에 순응하여 더 고위도 지역이나 더 높은 지역으로 서식지를 옮기는 종들도 계속 삶을 이어갈 수 있습니다. 문제는 기후변화에 잘 적응하지 못해 분포 지역이 점점 줄어들고, 절멸하는 종입니다. 이들은 빠른 기후변화에 대한 적응력이 떨어지기 때문에 멸종하게 됩니다.

하나의 생태계 내에서 특정 종이 어떤 이유로든 멸종하거나 개체 수가 급감하게 되면 먹이망과 경쟁 관계에 변화를 가져옵니다. 이는 곧 **생물다양성**까지 영향을 미치게 됩니다. 생물다양성은 생태계 전체, 특히 모든 생명체와 생태계, 각각의 생물과 생태계의 상호작용 종 내의 유전적 다양성을 의미합니다. 일반적으로 생물 다양성이 높으면 외래종의 유입과 같은 외적 충격에 대한 생태계의 내구력과 적응력이 커서 생존 가능성도 높아집니다. 오늘날 기후위기 문제의 본질은 바로 기후변화로 인한 전 지구적인 환경 변화가 지구의 자연생태계를 크게 바꾸며 생물다양성을 감소시키고 있다는 점일 것입니다.

생물다양성의 손실은 인류의 문화와 복지, 나아가 인류의 생존까지 위협하는 요인입니다. 한때는 거의 모든 의약품을 동식물로부터 직접 얻었었고 미생물로부터 3,000종 이상의 항생제를, 동양 전통의약품도 5,100여 종의 동식물로부터 얻고 있다고 합니다. 의약품뿐만 아니라 오염물질을 흡수하거나 분해하여 자연을 정화해 주는 것도, 토양을 비옥하게 유지해 주는 것도 모두 생물다양성에서 비롯됩니다. 그래서 기후변화와 환경 파괴로 오늘날 감소하고 있는 생물다양성은 인류를 위협하는 가장 심각한 문제의 하나로 꼽지요.

지구상 생물종의 상당 부분은 열대우림에 서식하고 있는데, 오늘날 무분별한 개발로 인한 열대우림의 환경 파괴는 매우 심각한 수준이며, 기후변화로 열대우림 생물종의 생물다양성 손실은 빠르게 진행되며 생태계 균형을 무너뜨리는 중입니다. 생물다양성 과학기구의 조사에 따르면, 2019년까지 전 세계 800만 종의 생물이 발견되었으나 수십 년 안에 1백만 종이 멸종할 것으로 전망됩니다. 과거 100여 년간 지구 평균 온도가 약 1도 오르면서 야생동물의 70%가 멸종했다고 합니다. 자연적인 생물의 멸종 속도보다 수십, 수백 아니 어쩌면 수천 배 빠르게 나타나고 있는 것입니다. 지구 평균 기온이 2도 상승하는 경우 생물종의 약 15~40%가 멸종에 처할 수 있다고 합니다. 더 많은 생태계 파괴로 회복 불가능한 상황이 초래되기 전에 자연환경을 회복시키고 기후변화 속도를 늦추기 위한 기후행동에 나서야 하는 이유입니다.

꽃들의 개화 시기가 앞당겨지면서 꽃가루를 옮기는 곤충들의 활동 주기와 맞지 않게 되면 생태계에 혼란을 가져올 수 있습니다. 기온이 오르며 꽃은 일찍 피었는데 벌이나 나비와 같은 곤충은 아직 겨울잠에서 깨어나지 않고 있으면 곤충의 꽃가루받이를 통해 수분하는 식물들의 번식이 어려워지게 됩니다. 또, 꽃 피우는 식물이 바뀌고 다른 곤충이 출현하면 이를 먹이로 삼는 새들에게도 큰 변화가 동반됩니다. 새들이 곤충을 잡아먹고 살기 때문에 기후변화에 따른 곤충의 계절 행동 변화에 적응하려면 알을 낳는 시기를 바꿔야만 합니다. 그 외에도 철새와 같이 장거리 이동하는 동물들은 먹이를 구하고 번식과 휴식을 위해 다양한 서식지가 필요한데, 기후변화로 서식지 환경이 바뀌면 생존에 위협이 됩니다. 그런데 곤충생태계의 변화는 새들한테만 문제인 것이 아니라 인간에게도 큰 문제가 될 수 있습니다. 인류가 재배하는 작물 중 약 3분의 1이 번식을 위해 곤충의 꽃가루받이가 필요하여 식량 생산에 타격을 가져올 것이기 때문이지요.

특히 꿀벌은 사과, 수박, 자두 등의 과일 대부분을 포함하여 곤충의 꽃가루받이가 필요한 작물 중 약 75%에서 이러한 역할을 담당합니다. 꿀벌이 생태계에 미치는 지대한 영향력 때문에 "꿀벌이 사라지면 인간은 4년 내 멸종"한다는 이야기가 있을 정도입니다. 그런데 이처럼 중요한 꿀벌의 개체수가 오늘날 전 세계적으로 빠르게 감소 중이라고 합니다. 꿀벌이 사라지는 것은 살충제, 기생충, 이동식 양봉 등 여러 원인을 꼽고 있지만 기후변화 영향 역시 무시할 수 없을 듯합니다.

꿀벌 군집 붕괴 현상은 북미, 남미, 유럽에서 이미 나타나고 있었는데, 최근에는 우리나라에서도 꿀벌이 빠르게 사라지며 이슈가 되었습니다. 국내에서 사육 중인 전체 꿀벌 개체수의 16%가 넘는 약 39만 봉군인 약 78억 마리가 겨울철 월동 중에 폐사하는 피해가 발생했기 때문이지요. 국내에 서식하는 벌의 종류는 많지만 그중 대규모로 꿀을 모으고 저장하는 꿀벌은 토종벌과 양벌 단 2종 밖에 없는데, 최근 10여 년 동안 토종벌의 사육군수가 3분의 1 이하로 감소했습니다. 살충제 등 여러 원인으로 꿀벌의 집단 면역체계에 스트레스가 누적된 것이라 여겨지지만, 겨울을 나기 위해 꿀벌이 형성했던 봉구蜂球가 기후변화와 함께 갑자기 기온이 오르며 깨지는 점도 문제로 지적됩니다. 기온이 오르면서 봉구를 깨고 여왕벌이 알을 낳기 시작하고 일벌이 먹이를 가지러 나가는데, 다시 추워지면 바로 얼어 죽게 된다고 합니다. 과학자들은 꿀벌의 생존 가능성을 높이려면 다양성을 확보해야 한다고 강조합니다. 녹지 공간이나 산지에 피나무, 옻나무 등을 더 심어서 꿀벌이 자연에서 꿀을 채취할 수 있도록 만들어야 한다는 것이지요.

자연은 인간을
기다려주지 않는다

– 생태계 서비스의 붕괴

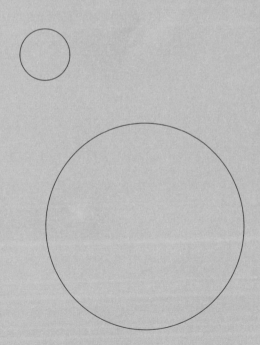

생태계 서비스가 무너진다는 것은 무슨 의미인가요?

우리 인간은 지구가 무료로 제공하고 있는 **생태계 서비스** ecosystem service를 받으며 살고 있습니다. 생태계 서비스는 인간이 생태계로부터 얻는 직간접적으로 얻게 되는 각종 편익·재화와 서비스 혜택 등으로 다양하게 정의합니다. 그런데 기후변화로 전 지구적인 생물다양성이 감소하며 생태계 서비스에 부정적인 영향을 미치고 있어서 문제가 됩니다.

육상에 살면서 흔히 간과하기 쉬운 해양 생태계 서비스도 기후변화로 악영향을 받고 있습니다. 예를 들면, 열대 바다의 산호초가 백화 현상으로 사라지고 있는 점을 그 대표적인 사례로 꼽습니다. 백화 현상은 산호에 공생하는 형형색색의 조류가 떠난 상태로서 산호초 입장에서는 마지막 조난 신호를 보내는 상황이지요. 바닷속 환경이 좋아지면 다시 회복하기도 하지만, 만약 백화 시간이 길어지면 산호는 결국 소멸하게 됩니다.

기후변화로 해수의 수온이 오르고, 대기 중 이산화탄소는 더 많이 바다에 녹아 해양산성화를 발생시키고 있어 탄산칼슘 외골격을 가지는 산호의 성장을 점점 더 억제하는 중입니다. 결국, 백화 현상과 함께 산호가 사라지고 있다는 의미입니다. 좋은 해양환경 조건에서는 수백 년을 살아가는 해양생물들이 인간 활동에 따른 인위적 기후변화로 사라지고 있는 점은 인류가 해양생태계 전반의 건강을 위협하고 나아가 그 해양생태계 서비스 혜택을 받는 대상인 인류 스스로에게도 치명적인 피해를 유발하는 것이지요.

다양한 해양생물의 안식처가 되는 산호는 해양생태계 내 없어서는 안 될 정도로 중요한 역할을 담당하는 종입니다. 산호초를 서식지로 살아가는 해양생물 종만 해도 1,500종에 이르며, 세계 인구의 60% 이상이 해안선 가까이 거주하는 우리 인간도 알게 모르게 바다에 많이 의존하고 있지요. 그런데도 관광 산업에서부터 제약 산업 때문에 사라지는 열대 바다 산호의 생존이 우려되는 상황입니다.

기후위기 등의 이유로 해양생태계를 비롯한 전반적인 지구환경의 생물다양성이 감소하는 문제는 곡물 수확량과 수산물 어획량을 떨어뜨리는 것부터 기후난민을 증가시키는 것까지, 어쩌면 인류가 직면한 가장 심각한 위협일 수 있을 것입니다.

자연재해와 자연 생태계 서비스는 서로 반대되는 개념 아닌가요?

맞습니다. 자연재해는 자연 현상으로 인해 인명 피해와 재산 피해 등 우리 인간이 해를 입는 것을 이야기하는 반면, 자연 생태계 서비스는 자연 현상이 역설적으로 우리에게 혜택을 주는 것을 의미하므로 서로 반대되는 개념이라 할 수 있습니다.

지구의 자연환경은 원래 그 과학적 작동원리에 따라 변화무쌍하기 마련입니다. 인간이 얼마나 이를 잘 알고 활용하여 혜택을 받을지, 아니면 적절하게 대처하지 못하여 피해를 받게 될지에 따라 자연 생태계 서비스로 불리기도 하고 반대로 자연재해라고 불리기도 하는 것이지요. 결국 자연은 어떤 것도 의도하지 않고 그저 과학적 원리에 충실하게 작동하는 것뿐인데, 우리가 이를 두고 완전히 인간 중심으로 부르는 개념들이라 할 수 있습니다.

자연 입장에서는 자연재해든지 자연 생태계 서비스든지 구분하지 않고 과학적 원리에 충실하게 지구환경을 끊임없이 변화시키는 중입니다. 따라서 중요한 것은 우리가 그 과학적 작동원리를 얼마나 잘 이해하고 지구환경 변화를 잘 예측하고 대처하여 피해는 줄이고 혜택은 늘일 것이냐는 문제일 겁니다.

실제로 과학기술이 발전하며 과거보다 각종 자연재해 특성을 더 잘 알고 감시 및 예측할 수 있었습니다. 그 덕택에 인류의 자연재해 대비 수준은 크게 높아지며 그 피해 규모도 줄일 수 있게 되었습니다. 뿐만 아니라 과학자들이 그동안 밝혀낸 지구환경의 작동원리를 통해 우리는 지구를 과거보다 훨씬 더 많이 이해하고 있습니다. 거기에 수많은 인공위성 등의 첨단 관측장비로 지구환경의 감시 능력을 크게 높이고, 나날이 발전하는 슈퍼컴퓨터와 기후모델 등에 힘입어 미래 지구환경 예측 능력도 점점 더 향상되는 중입니다. 왜 자연재해 피해 규모는 줄어들지 않고 오히려 시간이 지날수록 눈덩이처럼 불어나는 것일까요?

이것은 기후변화로 인해 자연재해의 특성 자체가 진화하는 것과 무관하지 않습니다. 비록 과학기술의 발전으로 오늘날 자연재해 특성에 대한 이해도가 더 높아지고 자연재해 감시 및 예보 역량이 높아진 것은 분명한 사실입니다. 하지만 기후변화와 함께 진화하면서 그 특성이 달라지고 전례 없는 기상이변이 야기한 자연재해 피해 규모를 줄이기 위해서는 개별 자연재해 특성을 훨씬 더 잘 이해하고, 감시 및 예보 역량을 높이기 위한 부단한 노력이 요구됩니다. 아직 갈 길이 멀다는 뜻입니다.

문제는 우리가 자연재해에 대한 대처 능력을 높여나가는 속도보다 더 빠른 속도로 기후가 변화하게 되면, 진화하는 자연재해를 인류가 감당하지 못할 수도 있다는 점입니다. 각종 기상이변 등 자연재해에 대한 과학적 원리를 잘 이해하고 감시 및 예보 능력을 높임과 동시에 기후변화 속도를 늦추고, 자연재해에 취약하지 않도록 빠르게 기후변화에 적응해야 합니다.

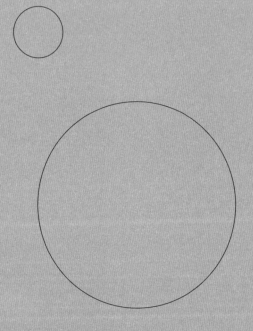

4장

반드시
다가올 미래

지구의 미래 기후를
예측하는 로드맵

- 기후모델

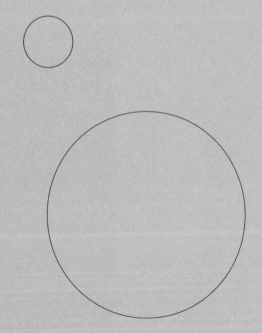

과학자들은 어떤 근거로 미래 기후를 예측하나요?

　　노벨 재단의 2021년 노벨 물리학상 수상자 발표는 사람들이 **기후모델**climate model에 주목할 하나의 계기가 되었습니다. 지구의 복잡한 기후변화를 분석하는 초기 기후모델을 만든 마나베 슈쿠로 미국 프린스턴대 교수, 기후모델에 해양을 접목한 클라우스 하셀만 독일 막스 플랑크기상연구소 연구원, 그리고 복잡계의 무질서한 물질에 대한 이해를 넓힌 조르조 파리시Giorgio Parisi 이탈리아 사피엔자대 교수가 공동으로 노벨 물리학상 수상의 영예를 얻었기 때문입니다. 특히 슈쿠로 교수와 하셀만 박사는 각각 대기과학자와 해양과학자로서 더욱 주목받았습니다. 그동안 천문학을 제외하고 노벨 물리학상 수상자가 한 번도 배출된 적이 없었던 기후과학, 지구과학 분야 최초로 노벨 물리학상을 수상했기 때문이지요. 노벨 물리학상이 아니라 노벨 과학상 전체로 보아도 지구과학 분야의 수상자는 1995년 폴 크루첸Paul J. Crutzen 미국 캘리포니아대 스크립스 해양연구소 교수가 오존층 파괴의 화학적 원리를 밝힌 공로로 노벨 화학상을 받은 것이 유일합니다.

마나베 교수는 1960년대에 수학적 이론과 대기의 물리적 특징만으로 대기 복사와 대류 모델을 제안했습니다. 그의 이론은 대기의 열 구조가 수증기, 이산화탄소, 오존과 같은 온실가스에 의해 어떻게 변하게 될지 기후모델로 연구하여 인위적인 기후변화로 인한 지구온난화 연구의 토대를 마련한 것으로 평가받습니다. 사실상 최초로 기후모델을 만든 물리학자라고 할 수 있는 셈이지요. 그런데, 놀라운 것은 그 당시 기후모델로 추정한 지구온난화 수치가 최근 실제로 관측을 통해 과학자들이 알게 되었거나 훨씬 정교해진 오늘날의 기후모델로 추정하는 지구온난화 수준과도 거의 유사하다는 것입니다.

또, 독일의 대표 해양과학자이자 기후모델 전문가인 하셀만 박사는 대기 중 이산화탄소를 상당 부분 흡수하고 지구의 기후를 조절하는 해양을 기후모델에 포함했습니다. 이로 인해 시시각각의 환경 변동에도 불구하고 장기간의 지구온난화 예측에 대한 신뢰성을 높인 공로를 인정받았습니다. 이러한 기후모델 연구는 수학적 이론에 기반하여 지구의 미래 기후를 예측할 수 있도록 만들었고, 인류의 온실가스 배출이 과거 기후변화의 직접적인 원인임을 증명할 수 있도록 충분한 근거를 제공해 주었습니다. 인류가 직면한 가장 심각한 기후변화라는 위험을 일찍이 기후모델을 통해 경고한 선구자 역할을 했다는 점을 인정받게 된 것입니다. 노벨 물리학상 위원장은 인류의 기후 지식이 철저한 분석과 확고한 과학에 바탕을 둔다는 점을 이들의 연구가 보여준 것이라 했습니다.

사실 오늘날의 기후모델은 초기 마나베 교수와 하셀만 박사 등이 사용했던 것과는 비교가 되지 않을 정도로 훨씬 더 정교해졌습니다. 대기 과정들과 해양 과정들은 물론, 지면과 빙권 과정들까지 포함되어 이들 사이의 상호작용을 접합하는 기후모델로 크게 발전했습니다. 그러나 대기모델, 해양모델, 빙상모델, 식생모델 등과 같이 지구 시스템을 구성하는 각각의 요소에 대한 모델의 예측은 여전히 확실하지 않습니다. 이들 사이의 상호작용에도 불확실성이 존재해서, 여러 요소가 통합된 기후모델은 비교적 큰 불확실성을 가집니다.

더구나 미래의 기후를 예측하기 위해서는 인류가 지구를 어떻게 사용하며 온실가스 배출량을 앞으로 어떻게 변화시키게 될지 등 인간 활동에 대한 시나리오를 세워야만 합니다. 시나리오별로 미래 기후는 서로 다르게 전망될 것이기 때문입니다. 그래서 IPCC에서는 그동안 여러 기후변화 평가보고서를 발간하면서 다양한 기후변화 시나리오들을 만들어, 각각의 시나리오에서 미래의 기후가 어떻게 될지 전망했습니다. 이 내용은 4장에서 미래 기후 전망과 함께 자세히 다루겠습니다.

미래 기후 예측 결과는 인간 활동에 따라 달라질 수 있지 않나요?

그렇습니다. 바로 그 이유로 인해 과학자들은 미래 기후변화 시나리오를 만들어 각각의 시나리오별로 전혀 다른 미래 기후를 예측하는 중입니다.

노벨 평화상까지 수상할 정도로 기후변화에 대한 심각성을 알린 공로가 인정된 IPCC 제4차 기후변화 평가보고서 발표 전까지 제1차, 제2차, 제3차 평가보고서에서는 최근의 기후변화가 과연 인간 활동 때문에 나타나고 있는 것인지에 대해 과학자들조차도 100% 확신하기가 쉽지 않았습니다. 제4차 평가보고서에서 인간 활동에 의한 인위적인 기후변화 영향을 90% 이상으로 높게 인정했다는 점은 그래서 더더욱 큰 의의를 둔 것으로 보입니다. 이 제4차 평가보고서 발간 당시에는 미래 기후변화 시나리오를 사회·경제 유형별로 서로 다른 온실가스 배출량을 설정하여 이에 따른 시나리오별 미래 기후를 전망했지만 제5차 평가보고서에는 방식을 바꾸어 대표농도경로RCP: Representative Concentration Pathways에 따른 새로운 기후변화 시나리오를 사용하게 되었습니다.

제5차 기후변화 평가보고서에 사용된 대표농도경로 시나리오는 온실가스 농도를 설정 후 기후변화 시나리오를 산출하여 그 결과에 대한 대책으로 사회·경제 유형별 온실가스 배출량을 설정한다는 면에서 이전 방식과는 다른 개념입니다. 2100년까지 대기 중 이산화탄소 농도를 420ppm 수준으로 유지하는 RCP 2.6 시나리오와 온실가스 저감 없이 1000ppm 수준까지 오르는 RCP 8.5 수준까지 오르는 RCP 8.5 시나리오에서의 지구 평균 온도는 극명한 차리를 보입니다.

가장 최근의 제6차 평가보고서에서는 기후변화에 대한 인간의 영향이 명백함을 제시하며, 다시 새로운 기후변화 시나리오 개념을 채택하는데, 공통사회경제경로SSP: Shared Socio-economic Pathway 시나리오가 바로 그것입니다. 이 공통사회경제경로 시나리오에서는 이산화탄소 배출량 저감 정도와 기후변화 적응 정도에 따라 총 5개의 시나리오로 구분합니다.

제6차 기후변화 평가보고서에는 이처럼 전 세계 유수의 기관들이 예측한 기후모델 결과들을 종합하여 기후변화 시나리오에 따른 미래 기후를 전망한 수치가 담겨 있는데, 온실가스 배출이 지금처럼 이루어지는 경우 2030년 전후(2021~2040년)로 지구온난화 1.5도 수준에 도달할 가능성이 높음을 보여주고 있습니다. 중요한 점은 이것이 지난 2018년 1.5도 특별보고서에서 제시했던

2030~2052년보다도 10년이나 더 앞당겨진 것이라는 점인데, 이 것은 우리에게 시간이 얼마 남지 않았음을 보여주는 결과입니다. 또, 온실가스 누적 배출량에 의해 지구온난화가 진행되므로 온실 가스 배출을 지금부터 감축하더라도 최소 21세기 중반까지는 지 구온난화 추세를 되돌리기 어렵다는 전망도 보여주고 있어요. 이 처럼 2030년 전후 지구온난화 1.5도 수준에 도달하는 미래 기후 변화 시나리오는 되돌리기 어려울 정도로 비관적입니다. 그렇지만 적어도 바로 다음 세대가 생존 위협을 느끼게 되는 디스토피아가 펼쳐지지 않고 기후변화 속도를 충분히 완화할 수 있을지의 여부 는 절대적으로 지금부터의 온실가스 감축 노력 여하에 달려 있음 을 잊지 않아야 할 것입니다.

인류의 절반은 물이 부족하다

- 물 부족과 식량난

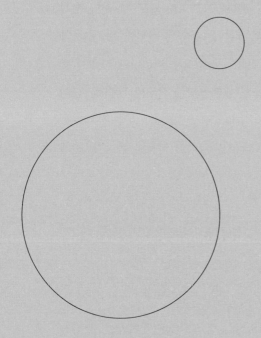

기후변화로 인류가 입는 피해는 무엇을 꼽을 수 있나요?

기후가 변하면서 기상이변이 자주 나타나고 있습니다. 극심한 폭염과 한파, 전례없는 폭우와 가뭄 사태는 점점 더 자주 경험하는 중입니다. 해수의 수온이 올라가 해수면이 상승하고 더욱 센 태풍이 형성되는 조건이 갖춰지면 해일과 홍수 피해가 가중되기도 합니다. 이처럼 기후변화로 증가하고 있는 전례 없던 자연재해 사이의 복잡한 상호작용은 종종 1+1이 2가 아니라 10이 될 수 있음을 보여줍니다. 그래서 기후변화와 함께 진화하고 있는 자연재해에 적절하게 대응하지 못하면 그 피해 규모는 기하급수적으로 급증할 것입니다. 이러한 피해는 자연의 관점에서는 생물다양성과 자연 생태계 서비스 기능의 감소로 이어집니다. 사회적 관점에서는 농업용수와 식수 등의 생활용수를 비롯한 각종 물 관리의 어려움도 커지고, 농업 생산과 수산 어획에도 차질을 가져올 뿐만 아니라 결국 물 부족과 식량난, 그리고 이에 따른 난민 문제로 번지게 됩니다.

2019년 아프리카 인도양의 섬나라 마다가스카르 사례는 기후변화가 가져온 식수 부족과 식량난의 심각성을 여실히 보여줍니다. 천혜의 자연환경을 가진 관광지로도 유명한 마다가스카르는 원래 생물다양성도 높아 '풍요의 땅'으로 불렸던 나라입니다. 하지만 기후변화와 함께 수십 년 만의 기록적 가뭄이 발생하며 심각한 기근을 겪었습니다. 평년 대비 절반에도 미치지 못하는 강수량 때문에 전체 인구 2500여만 명 중 약 75%가 종사하는 농업 부문에 큰 타격을 입었지요. 농작물 수확에 큰 영향을 받으면서, 많은 마다가스카르 사람들은 곤충이나 선인장 잎으로 연명했습니다. 그럼에도 비가 계속 오지 않아 그마저도 구하기 힘들어 5세 미만의 영유아 최소 50만 명이 영양실조를 겪고 114만 명이 긴급 식량 구호를 받아야 할 정도로 극심한 흉작, 식수 부족과 식량난에 시달리게 되었습니다.

기후변화로 인한 기근과 심각한 식수 부족 및 식량난은 저소득 국가에만 국한된 것도 아닙니다. 식량 수출 1위 국가인 미국과 같은 선진국도 기후변화로 인해 나타나는 극심한 가뭄 피해는 피할 수 없었습니다. 강수량이 줄고 섭씨 50도를 오르내리는 폭염 때문에 북미에서는 호수가 말라 버려 농작물이 말라 죽어도 농부들이 손 한번 못 쓰고 바라볼 수밖에 없는 처지라고 합니다. 미국 농무부는 극심한 가뭄으로 인해 봄철 밀 수확량이 33년 만에 최저치를 기록했다고 발표했습니다. 물이 없어 캘리포니아 외 많은 지역의 농업은 급속히 위축되고 있는 등 기후변화로 인한 물 부족과 식량난은 저소득 국가나 선진국을 가리지 않고 찾아오는 중입니다. 농작물 수확 차질은 결국 세계인의 식탁마저 위협하는 셈입니다. 기후변화로 인한 각종 기상이변이 농산물 가격 상승을 부채질하면서 전 세계적인 식량 대란을 불러올 것이라는 우려가 나오는 이유입니다.

기후변화로 식생대가 바뀌고 각종 기상이변을 겪으면서, 지역과 품종에 따른 차이는 있지만 전 세계적인 곡물 수확량은 전반적으로 감소하는 중이라고 합니다. 비록 아직은 소폭 감소 중이지만 작물 재배 기간을 고려하여 지구온난화의 혜택을 누릴 수 있는 고위도 지역에서 수확량을 빠르게 증가시켜야 합니다. 그러지 않으면 저위도 지역의 수확량 감소는 머지않아 각종 곡물 가격 문제를 일으키게 될 것입니다. 지구온난화가 돌이킬 수 없는 수준에 이르게 되면 기상이변이 일상화되며 식량 생산의 완전 중단까지도 가능하기에 현행 방식의 농업이 아닌 새로운 식량 생산 방법을 찾아야만 할 것입니다. 특히 식량자급률이 OECD 국가 중 최하위권인 우리나라에게 더욱 절실한 문제입니다.

기후위기에 제대로 대응하지 않으면 물 부족과 식량난은 얼마나 심해질까요?

최근 유엔 세계식량계획WFP은 기후위기에 제대로 대응하지 않으면 전 세계 기아 인구가 2억 명 가까이 증가할 수 있다고 경고했습니다. 세계기상기구WMO에서는 기후위기 심화에 따른 기상이변 확대로 2050년이 되면 50억 명 이상이 물 부족을 경험할 것으로 전망했습니다. 기후위기에 제대로 대응하지 않는 경우, 점점 더 피해 규모가 커질 것으로 예상됩니다.

기후위기는 선 지구적이면서 동시에 지역적인 강수 패턴의 변화를 가져오기 때문에 미래 인류의 물 부족과 식량난, 그리고 보건 상황에 악영향을 미칠 것으로 전망되고 있습니다. 지구상에 존재하는 물의 97%는 해양에 있고, 나머지도 대부분 그린란드와 남극 대륙 빙상 형태로 존재하니, 실제로 인류가 식수 등에 활용하고 있는 물은 단지 0.5%에 불과합니다. 2000년대 이후 홍수나 가뭄 등을 비롯한 물 관련 재해가 증가 추세인데, 이것은 전 지구적인 물 순환의 변화와도 관련이 깊습니다. 에티오피아와 소말리아, 케냐 등이 위치한 아프리카 북동부 지역에서는 40년 만에 최악의 가뭄을 경험하고 있습니다. 2022년까지 4년간 평년과 비교하면 우기인 3~5월 중 강수량이 적어서 가뭄 피해 인원이 2천만 명까지 늘어날 것으로 우려되고 있습니다.

오늘날 1년 중 1개월 이상 물 접근에 어려움을 겪은 인구가 2018년 기준 36억 명에 달하고 있습니다. WMO는 이렇게 수자원 접근 제한을 받는 인구가 지속 증가해서 2050년에는 50억 명을 넘게 될 것으로 전망했습니다. 특히 주요 아시아 국가들의 홍수와 주요 아프리카 국가들의 가뭄은 물 관련 위험을 급증시켰는데, 이러한 국가들은 물과 관련한 정부의 기후 서비스 제공 능력이 크게 떨어지지요.

인도 뉴델리에서는 봄철부터 기온이 121년 만에 최고 기록을 갱신하는 등 폭염에 시달리기 시작했고, 파키스탄 중부에서는 봄철인 4월부터 섭씨 49도 이상의 온도를 기록하는 등 극심한 폭염 피해가 이미 발생 중입니다. 인도-파키스탄 일대의 2022년 봄철 지표면 온도는 섭씨 55~65도에 달합니다. 기록적 폭염과 함께 쓰레기 매립지에서 배출되는 메테인가스에 불이 붙으며 화재가 발생하고 대량의 온실가스가 배출되었으며, 파키스탄 북부 폭염은 히말라야 빙하를 급격히 녹여 강과 지하수 유량이 폭증하고 폭포처럼 쏟아지는 강물에 다리가 끊어지는 등 피해가 속출했습니다.

기록적 폭염에 많은 사람들이 열사병으로 쓰러지며 인도에서는 에너지 수요가 급증했는데, 전력 생산의 75%를 여전히 석탄에 의존하는 인도 정부는 온실가스 배출원인 화력발전 방식을 독려하고 있어 문제가 됩니다. 중국에 이어 세계 2위의 밀 생산국인 인도에서의 이상 고온 현상은 밀 수확량의 감소를 가져와 국제 밀 가격은 물론 식량난에도 부정적 영향을 미치게 됩니다.

안토니오 구테흐스Antonio Guterres 유엔 사무총장은 2020년 9월 안전보장이사회 이사국들로 보내는 메모에서 몇몇 국가들의 기근과 광범위한 식량 불안 위험을 경고하며 수백만 명이 사망할 위험에 놓여 있음을 언급하기도 했습니다. 기후변화와 코로나19, 경기침체, 2020년 초에 발생한 메뚜기 재앙 등 여러 원인으로 이미 몇몇 국가들은 기근과 식량 불안에 매우 취약하며 극심한 피해가 발생하는 중입니다.

계속되는 기후변화와 이웃 국가에서 난민까지 유입되며 식량난이 더욱 가중된 아프리카 차드에서는 5살 미만 어린이 사망률의 12%가 식량 부족 때문이라고 합니다. 아시아 동티모르의 국민 중 3분의 1과 아프리카 모잠비크 국민의 3분의 1 가량은 만성적인 굶주림에 시달리고 있으며, 인도양의 섬나라 마다가스카르에서도 영양부족 비율이 2009~2011년 30%에서 6년 새 42%로 증가하며 기아 문제가 심화 중이지요.

식량난이 가장 심각한 국가들이 모여 있는 아시아와 아프리카에는 전 세계 기아 인구의 90%가 넘는 사람들이 모여 있습니다. 지금의 식량난은 이처럼 아시아와 아프리카 일부 저개발국들에 국한된 이야기로 들릴 수 있지만, 오늘날 기아는 전 세계로 확대되고 있으며 특히 기후위기에 취약한 적도 및 열대 지역과 고산지역에서는 점점 더 피해가 심각해지는 중입니다.

전 세계가 하나로 연결된 오늘날 기후변화 문제에 적극적 대응이 없다면 식량자급률이 30%가 되지 않는 우리나라의 미래 식량 안보에도 시사하는 바가 적지 않으며, 저개발국들의 기후재앙 손실과 피해를 보상해야 할 책임 문제에서도 자유롭지 않습니다.

몸과 마음, 모두 상처받고
떠도는 사람들

- 기후난민과 감염병 충격

기후이상 문제가 가중되면 어떤 영향을 받게 될까요?

기후변화에 따른 각종 기상이변으로 물 부족과 식량난 등 기아와 기근이 심해지면 결국 고향을 버리고 떠나는 난민도 증가하게 되는데, 이를 기후난민이라고 부릅니다. 오늘날 기후난민의 숫자는 계속 증가하고 있는데, 2008년부터 2016년 기간 동안 매년 평균 2천만 명 이상의 기후난민이 발생했으며, 2016년에 발생한 기후난민은 전쟁과 폭력으로 인한 이주 난민의 3배를 넘었다고 합니다. 물론 폭풍과 해일이 한차례 몰아친다고 그것을 기후변화 탓으로 돌리지 않는 것처럼 기후난민의 이주 행렬을 무조건 기후변화 탓으로만 돌리기는 어렵습니다. 또, 최근에는 러시아와 우크라이나의 전쟁으로 인한 난민까지 추가되고 있습니다. 그러나 기후변화로 기상이변이 점점 더 빈번해지고, 그 정도가 더욱 극심해지며 피해 규모가 증가하기 때문에, 기후위기에 적절하게 대응하지 못하면 향후 기후와 관련된 난민 수는 급증할 것으로 예상됩니다. 지구 평균 온도가 이미 1도 오른 상태로 살아가는 인류가 만약 지구온난화 수준을 1.5도 이내로 막지 못한다면 지금처럼 매년 2천만 명 이상의 기후난민을 발생시켜 2050년까지 기후난민 수가 최대 10억 명까지도 이를 것으로 추산되고 있습니다.

그중 5%만 받아도 우리나라 인구에 육박하는 수준입니다.

물 부족, 식량난, 난민에 더하여 매개 생물체를 통한 **감염병** 확산도 기후변화로 인해 증가할 수밖에 없음을 과학자들은 오래전부터 우려하고 경고해 왔습니다. 전 세계를 팬데믹pandemic에 빠뜨린 코로나바이러스와 그 변이 바이러스를 이야기하지 않더라도, 사스, 메르스와 같은 감염병 충격은 수십 년 전부터 계속 증가 추세에 있었습니다. 아직 정확한 원인이 밝혀진 것은 아니지만 코로나19 바이러스의 확산 또한 기후변화로 인한 열대 박쥐 서식지의 확산을 꼽는 의견이 제시되기도 했습니다. 박쥐 뿐만 아니라 진드기나 모기처럼 뎅기열 등의 병원체를 다른 동물이나 인간에게 전염시키는 생물들을 매개 생물체라고 부릅니다. 기후대가 바뀌며 매개 생물들이 새로운 서식지를 찾아 이동하는 과정에서 병원체 확산에 영향을 미치게 되지요. 이와 같은 이유로 기온이 오르면 흰줄숲모기가 확산하기 쉽고 바이러스 모기의 체내에서 번식하기 때문에 모기에 물린 인간이 바이러스에 감염될 수 있습니다.

사라지는 빙하 또한 감염병 확산을 가져올 수 있습니다. 기후변화로 러시아 영토의 3분의 2, 북반구 면적의 4분의 1에 해당하는 광활한 전 세계 영구동토가 점점 사라지고 있는 가운데 동토층에 매장된 각종 세균과 바이러스가 녹아 다시 활동하기 때문입니다. 최근에는 시베리아 전역이 섭씨 40도 이상의 고온에 휩싸이기도 하는 등 기후변화로 영구 동토가 붕괴 위기에 놓여 있는데, 영구 동토 붕괴는 오랜 기간 얼음에 갇혀 있던 탄소가 메테인 등의 형태로 방출되며 온실효과를 강화하는 문제뿐만 아니라 수만 년간 묻혀있던 고대 바이러스와 박테리아도 깨어날 수 있어 신종 감염병 확산 우려까지 제기되고 있습니다.

실제로 지난 2014년에는 프랑스와 러시아 연구진이 3만 년 된 러시아 영구 동토층에서 고대 바이러스를 발견했는데, 사람들은 마치 죽은 것처럼 보였던 바이러스가 부활한 것을 두고 '좀비 바이러스'라고 부르기도 했습니다. 또, 2016년 여름 러시아 야말로네네츠 자치구에서는 지역 주민 여러 명이 탄저병에 걸리고 순록이 2천 마리 이상 죽었는데, 영구 동토층이 녹으며 탄저균에 감염된 동물 사체가 대기 중에 노출되어 감염병이 퍼진 것으로 분석되었지요. 탄저병이 야말로네네츠 지역에서 발생한 것은 1941년 이후 처음이었는데, 기상이변에 따른 고온 현상을 탄저병 재발의 원인으로 지목했습니다.

기후변화로 빙하가 사라지며 고대 바이러스가 노출되는 우려는 러시아 영구 동토에만 국한된 이야기가 아닙니다. 과학자들은 1만 5천 년 전에 형성된 것으로 추정되는 티베트고원의 빙하에서 추출한 시료를 분석하여 지금까지 알려지지 않은 고대 바이러스의 존재를 확인했는데, 총 33개의 바이러스 유전정보 중 28개가 지금까지 전혀 발견된 적이 없는 완전히 새로운 바이러스였다고 합니다. 빙하기 때 영구 동토나 만년설 등에 갇힌 바이러스가 동면하다가 온도가 오르며 활동을 재개하고 있어 인류에게 면역력이 없는 신종 바이러스 전염 가능성이 증가하며 감염병 확산 우려가 끊이지 않고 있습니다.

전 세계에 팬데믹을 가져온 코로나19 바이러스도 기후변화와 관련이 있나요?

　네, 그렇다고도 볼 수 있습니다. 기후변화가 코로나19 팬데믹을 가져온 바이러스 'SARS-CoV-2' 출현에 직접적으로 역할을 했다는 연구 결과가 최근 발표되었기 때문입니다. 영국 케임브리지대과 미국 하와이대 등 국제 공동 연구진이 발표한 이 연구 결과에 따르면 기후변화에 따른 산림 서식지의 변화가 중국 남부 지역을 코로나바이러스의 '핫스팟hotspot'으로 만들었습니다. 중국 남부 윈난성과 미얀마, 라오스의 접경 지역에서는 지난 세기 동안 기후변화와 함께 식물생태계의 큰 변화가 있었는데, 주로 키가 작은 나무들이 자라던 열대 관목 지대에서 주로 숲에 서식하는 박쥐 종에게 적합한 환경인 열대 사바나와 낙엽수 산림지대로 변했다는 것입니다. 이 지역은 중간 숙주 역할을 한 것으로 추정되는 천산갑의 서식지이기도 하지요.

　특정 지역의 코로나바이러스 수는 그 지역에 서식하는 다양한 박쥐 종의 수와 관련이 깊은데, 과학자들은 중국 윈난성 남부에 40종의 박쥐가 추가 유입되면서 약 100종의 박쥐 매개 코로나바이러스가 더 증가했음을 발견했습니다. 전 세계 박쥐들은 각 종마다 평균 2.7종의 코로나바이러스가 있기 때문에 모든 종 통들어서 약 3,000종에 달하는 서로 다른 유형의 코로나바이러스를 가지고 있습니다. 대부분 증상을 보이지 않으나 기후변화로 특정 지역에 서식하는 박쥐 종의 수가 증가하면 인간이 면역력을 가지지 못한 신종 코로나바이러스가 생기거나 진화할 가능성이 높아진다고 합니다.

박쥐가 보유한 대부분의 코로나바이러스는 인간에게 잘 감염되지 않지만 인간을 감염시키는 것으로 알려진 몇몇 코로나바이러스는 박쥐에서 비롯되었을 가능성이 매우 높습니다. 그중 3가지가 인간을 죽음으로까지 내몰았는데, 바로 중동호흡기증후군(메르스), 급성호흡기증후군(사스), 신종 코로나바이러스 감염증(코로나19)입니다.

비록 코로나19 바이러스는 박쥐 코로나바이러스로부터 진화했다고 추정되지만 정확한 진화 경로는 여전히 밝혀지지 않았습니다. 기후변화로 인한 산림생태계 변화가 코로나바이러스 발생에 중요한 하나의 요인으로 작용했을 수 있다는 의미일 뿐, 아직 정확한 원인이 규명된 것은 아닙니다. 우한 지역에서 도시화와 거주영역 확장에 따른 야생동물 서식지와의 접점 확대, 중국의 야생동물 섭취 문화, 또는 그 외에도 다른 원인에 의해 직접적인 코로나19 바이러스 전염병이 발생했을 수도 있습니다. 향후 기후변화 뿐만 아니라 다양한 환경 요인 및 비환경 요인을 포함하는 다양한 요인에 대한 복잡한 인과적 상호연계성을 밝히는 등 본질적인 이해를 바탕으로 더 나은 대응책을 마련하기 위해 지속 연구가 필요한 이유입니다.

국가 안보와 기후는
불가분^{不可分}의 관계

- 기후전쟁

기후변화로 인해 전쟁이 일어나기도 한다고요?

기후변화가 가져오는 거주 환경의 물리적 변화는 종종 사회적 관계를 무너뜨리고 자원 쟁탈전을 심화시키며, 안보 위협으로까지 확대되기 때문에, 그저 지구과학적 현상으로만 치부하기에는 그 사회경제적 여파가 너무나도 큽니다. 아프리카 수단에서 벌어진 아랍계와 아프리카계 사이의 갈등으로 알려진 다르푸르 분쟁으로 45만 명이 숨졌는데, 그 이면에는 기후변화로 인한 자원 부족 문제와 생존 갈등이 자리하고 있어 이를 21세기 최초의 기후전쟁으로 꼽기도 합니다. 과거에는 수단에서 목축에 종사하던 북부 아랍계와 농경 문화를 가진 남부 아프리카계 사람들이 평화롭게 살아왔는데요, 기후변화로 인한 심각한 가뭄은 식량난과 식수난을 가져와 식수원과 목초지를 차지하기 위한 갈등이 심화되어 악명 높은 다르푸르 분쟁을 일으켰기 때문입니다. 시리아 내전 발생 직전에도 최악의 가뭄이 발생했었고, 소말리아 역시 극심한 가뭄과 함께 오랜 내전이 심해진 경험이 있습니다.

미국 스탠퍼드대 연구진은 아프리카 내전 등 20세기에 발생한 무력 충돌 중 최소 3%에서 최대 20%가 기후위기로 인해 발생한 것이었고, 미래에는 그 영향이 극적으로 증가할 것이라는 연구 결과를 2019년 6월 국제학술지 〈네이처〉에 발표했습니다.

기후변화로 인해 생존이 위협받게 될 때 얼마나 참혹한 전쟁이 발생하는지를 보여준 끔찍한 사건들을 통해 이제는 기후위기 대응이 테러 근절과 석유 확보 못지않은 국가 안보상 최우선의 과제임을 알 수 있습니다. 미 중앙정보국CIA에서는 오래전인 조지 부시 행정부 당시 '조만간 기후변화가 국제 안보에 미칠 위협이 테러리즘을 능가할 것이다'는 예측을 골자로 하는 '국가 안보와 기후변화의 위협'이라는 제목의 기밀 보안 보고서를 발간했습니다. 독일 연방정부 산하 지구환경변화 학술자문위원회에서도 '기후 정책이 곧 안보 정책이다'라는 제목의 보고서를 발간했다는 사실이 알려졌습니다. 기후변화가 테러보다 국가안보에 더 큰 위협이 된다는 점은 이제 더 이상 비밀이 아닌 셈입니다.

과연 최근 벌어진 러시아와 우크라이나 사이의 전쟁은 기후변화와 무관하다고 할 수 있을까요? 러시아의 우크라이나 공습이 한창이던 2022년 2월 27일 제55차 IPCC 총회에 참석한 스비틀라나 크라코프스카Svitlana Krakovska 우크라이나 기상연구원 응용기후연구소 소장은 이 전쟁도 결국 화석연료에 의존하면서 비롯된 기후변화 전쟁임을 강조했습니다. 이날 최종 승인된 IPCC 제6

차 기후변화 평가보고서 제2 실무그룹 보고서에는 과학자들의 수 많은 연구 결과에 근거하여 극한 기온과 강수 변동성 증가 등의 기상이변으로 물 부족과 식량 안보 위기가 증가할 것으로 예측한 내용이 담겨 있습니다.

스비틀라나 크라코프스카 소장은 인위적 기후변화를 일으킨 온실가스 농도 증가의 주요 원인 중 하나인 화석연료로부터 러시 아의 전쟁 자금이 만들어졌음을 지적했는데, 실제로 러시아는 막 대한 양의 천연가스와 석유를 수출하고 있습니다. 특히 유럽은 러 시아산 원유 의존도가 높아서 석유의 4분의 1(하루 평균 약 6억 베 럴에 해당), 천연가스의 약 40%를 러시아로부터 수입하고 있는데, 러시아가 석유와 천연가스를 무기로 서구권 국가와 협상을 해온 이유가 바로 이 때문입니다. 더더욱 우크라이나는 유럽으로 향하 는 러시아 천연가스의 통로에 해당하는 국가이기도 합니다.

미국의 외교·안보 싱크탱크 아틀란틱 카운슬Atlantic Council에 따르면 2020년 우크라이나의 수도 키이우에서는 사상 최고 기온 을 기록하는 등 극심한 가뭄이 지속되었는데, 우크라이나는 그해 서울시 면적의 10배에 달하는 거대한 규모에서 겨울 작물 피해를 봤습니다. 세계적인 곡창지대 중 하나인 우크라이나에서 기후위 기 심화로 농작물 수확량이 크게 감소하여 전 세계 곡물 가격이 불안정해졌고, 우크라이나에서는 물가상승과 사회적 혼란이 정치적 불안으로 이어지며 러시아에게 틈을 내줬다는 분석입니다.

미국 조 바이든 행정부에서 기후위기 대응 정책에 따라 화석 연료 생산을 감축하면서 수입 에너지에 의존하던 유럽은 위기를 맞게 됩니다. 러시아는 이 상황을 이용해 천연가스 송유관을 인질로 삼아 유럽에서의 입지를 강화할 수 있었습니다. 이것이 러시아와의 협상력을 저하했기 때문이라는 분석도 있습니다. 이제 유럽은 러시아 천연가스의 의존도를 줄이고 제재를 이어가며 러시아를 실질적으로 압박하기 위해 더 빠르게 재생에너지로의 전환에 박차를 가하고 있습니다. 유럽이 재생에너지 전환을 얼마나 빨리하느냐가 전쟁의 승패를 좌우할 수 있다는 분석까지 나오는 중이니 결국, 우크라이나 사태의 처음과 끝 모두 기후위기와 관련이 있다는 것이지요.

군사 부문도 기후위기 책임이 있나요?

기후위기는 국가와 사회의 대립과 갈등을 심화시킨 여러 전쟁의 원인이기도 하지만 동시에 전쟁을 막기 위한 강한 군사력 확보 과정에서 배출한 탄소가 온실효과를 강화한 결과이기도 합니다. 즉, 군사 부문도 기후위기를 가져온 책임에서 자유롭지 못하다는 뜻이지요.

전쟁 수행 과정에서의 자연생태계 파괴와 탄소 배출은 차치하더라도 군사력 유지 또는 강화를 위해 평상시에 사용하는 군용 장비, 군수 산업, 군사 기지 등 군사 부문에서 발생하는 탄소배출량만 하더라도 이미 무시할 수준이 아니기 때문입니다. 미국 브라운대 왓슨연구소에 따르면 세계 최대 규모의 미군 탄소배출량은 2017년 기준 5,900만 톤에 달합니다. 만약 이를 하나의 국가로 따지면 세계 55위의 온실가스 배출국에 해당하는 정도입니다. 예를 들면, 미군이 운용하는 B-2 스텔스 전략폭격기는 1.6km당 온실가스 250톤을 배출하는데, 민간 부문과 달리 효율성과 경제성보다는 군사 작전 목적으로 설계됩니다. 이처럼 연료 소비량도 많은 편인 항공모함, 군함, 군용기, 군용차, 그리고 전 세계 56만 개의 건물 등에서 막대한 온실가스를 배출하는 것입니다.

군사 부문에서 발생하는 탄소배출량은 6% 정도로 추산되는데, 실제로는 보안상 공개되지 않는 정보 등으로 인해 제대로 파악조차 어려운 것이 현실입니다. 미국, 유럽 등 선진국에만 2015년 이후 배출량 보고 의무가 부과되었는데, 그나마 배출량 보고 의무만 질 뿐 배출량 감축 대상에서는 제외되어 있습니다. 그래서 배출량 보고 의무조차 부과되지 않은 여러 국가의 군사 부문 탄소배출량은 정확히 추산하기도 어렵습니다. 군사 부문 온실가스 배출량을 산정하기 위해 별도의 연구가 이루어지는 것은 이 때문입니다.

인간에게도 울리는
건강 적신호

- 기후와 건강

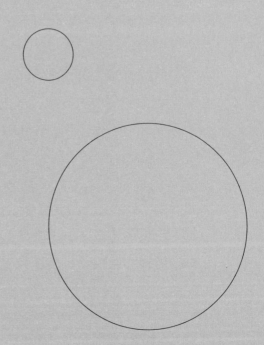

인류가 개인적으로 감당하게 될 문제들도 있나요?

기후변화는 직접적인 재난재해 피해나 자연생태계 파괴 등의 간접 피해를 경험하지 않더라도 여러 방식으로 개개인의 건강에까지 영향을 미치게 됩니다. 지구온난화와 함께 그 빈도와 강도가 늘고 있는 폭염의 경우 직접적인 폭염 사망자가 급증하는 것 외에도 그 스트레스가 심장, 순환계, 기도 질환을 악화시켜 개개인의 사망률을 높입니다. 정반대의 극한 기온이라 할 수 있는 한파의 경우에는 저체온증 등 한랭질환과 심혈관질환 등의 기저질환을 악화시킬 수 있습니다.

적절한 대응책을 마련하지 못하는 경우 피해가 급증할 것으로 우려되는 태풍, 폭우, 홍수, 산사태 등의 재난재해가 발생하면 여러 문제가 생깁니다. 식수 오염과 뎅기열 등 곤충, 동물 매개 감염병 발병률을 높이고, 비브리오 감염증 등 수인성 식품 매개 감염병 발병률이 상승하여 각종 위생 문제에 따른 보건 이슈를 가져옵니다. 천식이나 알레르기성 비염 등 여러 기도 질환 증상을 보이는 사람들이 많아지는 것도 기후변화로 꽃가루가 날리는 기간이 길어지는 것과 무관치 않다고 합니다. 또, 성층권 오존과 달리 인간 활동으로 배출되는 지표면 부근의 오존은 기온 상승과 함께 오존층을 형성할 때 폐 기능 약화 등의 부정적인 영향을 끼치게 됩니다.

신체 건강뿐만 아니라 정신적 건강에도 기후변화로 인한 영향이 부정적인데, 외상후 스트레스 장애는 그 대표적인 예입니다. 오늘날 여러 걱정과 근심으로 불면증에 시달리거나, 불안증과 우울증을 호소하는 사람들이 많아지는 것도 기상이변과 일조량 감소, 환경오염과 생태계 파괴로 인한 각종 바이러스와 세균의 창궐 등 지구환경의 악화와 무관하다고 볼 수 없습니다. 이처럼 기후변화는 직접적인 물리적 피해를 경험하지 않은 전 세계 사람들 개개인의 건강을 그 기저에서부터 위태롭게 하는 중입니다.

결국 유엔 세계보건기구WHO에서는 〈기후변화로부터 건강 보호〉라는 보고서를 통해 "기후변화는 이제 더 이상 환경 또는 개발 이슈로만 여길 것이 아니라 인간의 건강과 복지의 보호·증진을 위태롭게 만든다는 사실이 더욱 중요하다"라고 지적했습니다. 기후위기는 이제 개개인의 건강과 복지 차원에서도 시급하게 대처해야 할 문제라는 뜻이지요.

기후 관련 공부를 하는 것이 기후위기 상황에서 도움이 될까요?

물론입니다. 흔히 전 지구적 규모의 기후위기 완화를 위해 국제 사회나 각국 정부와 기업의 노력이 훨씬 중요하고 개개인의 노력은 미비하다고 생각하기 쉽지만, 실제로 더 중요한 것은 오히려 개인의 인식과 행동이라고 할 수 있습니다. 스웨덴의 한 10대 환경운동가 그레타 툰베리Greta Thunberg에 의해 수많은 사람이 기후위기의 심각성과 기후비상의 시급성에 공감했기 때문에 결국 각국 정부와 국제 사회의 분위기가 180도 바뀔 수 있었습니다. 점점 더 많은 사람이 지구환경을 고려하는 기업에 투자하고 그 기업의 제품을 소비하며 기업이 바뀌는 것이니까요. 여러 사람이 모여 정부와 기업을 바꾸기 때문에 결국 제일 중요한 것은 개개인의 인식과 행동일 것입니다.

지구환경에 조금이라도 부담을 덜 주고자 하는 일상생활 속 작은 실천 하나하나는 그 자체 효과보다도 사회 전반의 인식을 개선하고 정부와 기업을 인류에게 이로운 방향으로 강제한다는 면에서 더 큰 의미를 찾을 수 있습니다. 우리는 일상생활 속에서

무수히 많은 선택을 합니다. 순간순간의 선택 과정에서 과연 지구 환경에 긍정적으로 작용하는 것은 무엇이고, 부정적으로 작용하는 것은 무엇인지를 판단할 수 있는 기본적인 과학상식을 가지는 것은 이런 면에서 매우 중요합니다.

예를 들어 지구에는 블랙카본, 그린카본, 블루카본과 같이 3가지 종류의 탄소가 있습니다. 눈에 보이지 않지만, 이중 과연 어떤 것이 착한 카본이고, 나쁜 카본인지를 구분할 줄 알아야 한다는 것입니다. 비행기, 자동차, 공장 굴뚝 등 화석연료의 불완전연소 과정에서 나오는 검은색 그을음, 석탄과 석유와 같은 화석연료에 있는 이산화탄소는 대기 중으로 배출되어 온실효과를 강화하는 나쁜 카본이지만, 숲에 있는 육상 자연생태계가 흡수하는 그린카본과 바다 자연생태계가 흡수하는 블루카본은 좋은 카본입니다.

특히 해양생태계는 육상 생태계보다 탄소를 50배 더 빨리, 50배 더 많이 흡수할 수 있습니다. 숲속 박테리아가 유기물 분해 과정에서 산소를 사용하고 이산화탄소를 배출하는 것과 달리 해양 내 박테리아는 호흡하지 못해 이산화탄소 배출이 없기 때문이라고 합니다. 맹그로브 숲, 염습지, 잘피림, 갯벌 등에는 흡수된 탄소를 오랜 기간 저장할 수 있으니, 앞으로는 블루카본 파괴를 멈추고 해양생태계 건강을 회복시키는 것이 기후위기 대응을 위해서도 중요한 과제가 되었다고 할 것입니다. 국내 갯벌은 승용차 20만 대가 배출하는 수준의 온실가스를 흡수한다는 연구 결과도 최근 발표되었습니다.

해양생태계의 건강에 악영향을 미치는 해양오염 행동을 부끄러워하는 것처럼 일상생활 속에서 지구환경에 부담을 주는 모든 행동을 부끄러워하는 사회 분위기는 기후위기를 효과적으로 완화하는 데도 도움이 됩니다. 예를 들면 코로나 팬데믹이 엔데믹으로 변하는 과정에서 그동안 억눌렸던 방역에 보복이라도 하듯 국내외여행이 부쩍 늘고 있는데, 항공기를 이용한 여행 시 탄소 배출량을 생각해 봐야 합니다. 유럽환경청의 조사에 따르면, 항공편의 경우 버스 보다는 4배, 기차보다는 20배나 큰 1인당 탄소 배출이 발생합니다. 유럽에서 '비행기 타는 부끄럼Flight Shame' 운동이 퍼지기도 했던 이유입니다.

경제와 지구환경 보호를 같이
바라봐야 하는 이유

- 기후비용

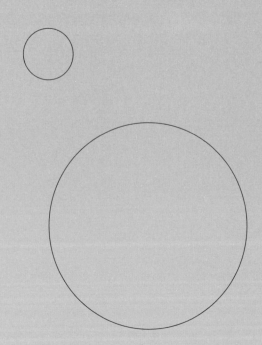

기후변화에 대응하기 위한 비용에는 어떤 것이 있나요?

기후변화로 인류가 부담할 비용은 점점 증가하고 있는데, 특히 지구온난화 속도를 늦추기 위한 대응 조치를 취하지 않고 소극적으로 대응하는 기간이 길어질수록 이 **기후비용**은 급증할 것입니다. 그 정확한 비용을 산출하기는 매우 어렵지만, 기후변화는 크게 세 가지 유형의 비용을 발생시킬 수 있습니다.

첫째로 기존 인프라 시설 등이 기후변화에 따른 각종 기상이변으로 파괴되며 입은 손실 복구 비용입니다. 둘째는 변화하는 기후에 적응하기 위해 사용하는 비용으로서 이를테면 홍수나 해일 대비 등의 새로운 인프라 시설 구축 비용과 같은 것이고, 셋째는 지구온난화 속도를 늦추기 위한 기후변화 완화 비용입니다. 특히 지구온난화 속도를 늦추기 위한 비용은 탄소 배출을 줄이기 위해 화석연료를 재생에너지로 바꾸는 노력을 포함하는 것인데, 과연 얼만큼 탄소 배출을 줄이려는지에 따라 그 비용은 천차만별로 달라질 것입니다. 결국 얼마나 투자하여 지구온난화 속도를 어느 정도로 늦추어야 첫 번째 비용이 얼마나 줄어들지를 고려해야만 하므로 정확한 비용 산출을 위해서는 사람들의 공감대부터 얻어야 할 것입니다. 중요한 점은 현재 상태로 그냥 지체될수록 모든 기후 비용이 증가하는 것만은 분명하다는 점입니다.

우리나라도 최근 석탄발전 감축 소요 비용을 전기요금으로 고지하는 기후환경요금제를 도입했습니다. 물론 새로운 비용을 추가한 것이 아니라 이미 전력량 요금에 포함되어 있었던 환경비용을 분리 청구한 것이지만, 친환경 에너지에 대한 인식과 깨끗한 에너지 사용을 위한 비용에 대한 인식 확산에 기여할 것으로 기대됩니다. 이미 많은 소비자들이 기후환경요금 부과 필요성에 공감하고 있지만, 아직은 기후 비용이 크게 부과되지 않았습니다. 앞으로 증가하게 될 기후 비용을 고려해야만 하겠지요. 전반적으로 환경감수성과 기후위기 등에 대한 인식이 높고 전기요금에 포함되는 환경부담금도 우리의 17배 정도 많은 독일 등과 비교하면 우리나라는 아직 갈 길이 멀어 보입니다. 앞으로는 기후환경요금과 같은 기후비용 지불 필요성에 대한 인식을 확산하고 에너지 소비 패턴을 바꾸는 등 관련 논의와 소통을 확대해야 합니다.

과학자의 돋보기

경영계에서 화두가 된 ESG도 기후위기 극복에 도움이 될까요?

네, 그렇습니다. 환경보호Environment, 사회공헌Social, 윤리경영Governance의 약자인 ESG가 경영계에서는 이미 화두가 되었습니다. ESG는 지구환경을 악화시킨 자본주의에 대한 반성과 현실 사이에서 기업 경영에 대한 고민을 거듭한 결과입니다. 이런 점에서 기후위기를 완화하고 지속 가능한 방식으로의 대전환에 도움이 될 것으로 보입니다. 국제 사회와 각국 정부의 공공 분야뿐만 아니라 이처럼 민간 기업의 경영에도 이제 환경은 그만큼 중요한 문제가 되었다는 것이지요.

예전처럼 환경 감수성이 부족한 기업이 개발 논리로 밀어붙이는 것은 더 이상 가능하지도, 사회적으로 용인되지도 않습니다. 지구환경을 훼손하는 기업 활동이 알려지면 사회적으로 매도당하며 해당 기업의 브랜드 가치가 추락하고 시장에서 외면받기 때문입니다. 과거와 같은 무한 성장과 무한 소비는 지속 가능한 방식이 아니며 지구환경과 생태계 파괴, 기후위기가 인류를 공멸로 치닫게 할 것이 더욱 많은 사람들에게 인식되면서 ESG처럼 공존을 위한 절제와 환경 감수성을 높이는 방향으로의 기업 활동이 매우 중요해졌다는 것입니다.

이제 ESG는 기업의 사회적 책임이라는 차원을 넘어 기업의 실질적 이윤 창출과 생존을 위해 필수적인 방향이 되었습니다. 온실가스 감축과 환경오염에 얼마나 영향을 미치는지 등 여러 ESG 평가 지표를 통해 어느 기업이 얼마나 더 지구환경을 고려하는 기업 활동을 하는지 평가하여 공개하기 때문에 투자자와 소비자의 선택을 얻어 기업을 성공적으로 경영하기 위해서 환경은 이제 필수 고려 요소가 되었습니다. 심지어 예일대에서는 ESG 평가 지표를 바탕으로 맥도널드, 넷플릭스, 스타벅스와 같은 글로벌 기업들의 기업 활동에 'A', 'B', 'C'와 같은 학점을 매기기도 합니다.

경제학자들은 탄소 1톤의 사회경제적 비용을 계산하기도 하는데, 탄소배출이 온실효과를 강화하고 기후위기 피해가 발생하는 과정을 수량화하기 위해 '탄소의 사회적 비용-SCC' 개념을 만든 것이지요. 가전제품의 에너지 효율부터 자동차 연비 등 여러 요소를 통해 2010년부터 SCC 산출 노력을 지속했는데, 기후변화가 가져오는 손실을 메꾸기 위한 사회적 비용인 셈입니다. 이 SCC는 두 가지 면에서 의미가 있는데, 하나는 탄소 배출로 전 세계적인 피해가 어느 정도인지를 가늠할 수 있다는 점이고, 다른 하나는 배출된 온실가스가 장기간 대기 중 체류하며 미래에 얼마나 영향을 줄지를 알 수 있다는 점입니다. 미국은 연방정부에서 SCC를 채택하자마자 주정부에서도 빠르게 채택했고, 자체적인 SCC를 산출하던 캐나다 정부 역시 미국의 SCC를 사용하는 것으로 결정했습니다.

정치적 이유로 SCC는 여러 번 변화를 겪기도 했습니다. 미국 트럼프 행정부에서는 기후변화의 과학적 실체 자체를 부정하며 SCC를 톤당 1~7달러 수준으로 내리기도 했지만 바이든 행정부에서는 과거 오바마 행정부 때와 같이 톤당 51달러 수준으로 산출되었습니다. 전문가들은 SCC 수치가 더 높아져야만 하고, 더 큰 영향력을 발휘해야 한다고 입을 모으는 중입니다. SCC가 현재의 3배 이상인 톤당 171달러까지 치솟을 수 있다는 연구 결과도 발표되고 있으며, 일정 수준을 지나면 이는 더더욱 증가할 것으로 보입니다. ESG를 필수로 고려하는 기업들은 SCC 증가에 따른 환경비용 증가에 대비해야만 합니다.

인류 멸망은
피할 수 없는 운명일까

– 미래 기후 전망

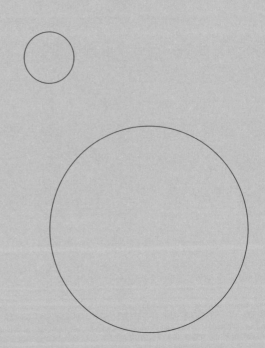

미래의 기후는 전망 시나리오에 따라 뚜렷한 차이가 있나요?

그렇습니다. 오늘날 물리 법칙을 바탕으로 구성한 기후모델의 미래 기후 예측 결과는 그 시나리오에 따라 뚜렷한 차이를 보입니다. 기후모델로 미래 기후를 예측할 수 있게 되면서 IPCC에서는 그동안 몇몇 다른 방식으로 미래 기후변화 시나리오를 수립했는데, 2000년에 발간된 〈배출시나리오에 관한 특별보고서〉는 당시 미래 시나리오를 크게 A1, A2, B1, B2의 4가지로 구분합니다. 이중 A1은 다시 A1T, A1B, A1F1로 세분하여 총 6개의 시나리오별로 서로 다른 미래 온실가스 배출량에 따른 기후를 예측하여 2001년에 발간된 제3차 평가보고서에 제시했습니다. 당시에도 경제를 더 중시하는 A1, A2 시나리오가 환경을 더 중시하는 B1, B2 시나리오에 비해 더 온실가스 배출량이 많이 증가하며, 지구 평균 온도 상승이 더욱 심하게 나타날 것으로 전망했습니다.

그 후 앞서 언급했듯이, 2007년에 발간된 제4차 평가보고서에서는 사회·경제 유형에 따라 달리하는 온실가스 배출량에 근거해서 미래 기후변화 시나리오를 설정했지만, 2014년 발간된 제5차 평가보고서에서는 방식을 바꾸어 대표농도경로 RCP 시나리오를 도입했습니다. 먼저 미래 대기 중 온실가스 농도부터 설정 후 이에 해당하는 사회·경제 유형별 온실가스 배출량을 정했다는 면에서 이전과는 차이가 있습니다. 2100년까지 대기 중 이산화탄소 농도를 420ppm 수준으로 유지하는 RCP 2.6 시나리오와 온실가스 저감 없이 1000ppm 수준까지 오르는 RCP 8.5 시나리오에서의 지구 평균 온도는 극명한 차이를 보입니다. 이 RCP8.5 시나리오에서는 2100년까지 지구 평균 온도가 무려 4도나 오르게 되는데, 지구에 인류가 더는 거주할 수 없는 행성으로 변한다는 의미입니다. 안타깝지만 RCP 시나리오가 발표된 이후에도 대기 중 이산화탄소 농도가 420ppm 수준에 근접해, RCP 2.6 시나리오는 더 이상 현실에서 볼 수 없는 이야기입니다.

가장 최근에 발표된 제6차 평가보고서에서는 공통사회경제경로 SSP 시나리오를 도입하여 미래 기후를 전망하고 있습니다. 탄소배출량 저감 정도와 기후변화 적응 정도에 따라 5개의 시나리오로 구분됩니다. 이 중에서 가장 빨리 탄소배출량 저감에도 성공하고 변화하는 기후에도 가장 잘 적응하는 저탄소 지속가능성장 시나리오의 경우와 반대로 탄소배출량 저감이 거의 없이 기후변화 적응만 하는 고탄소 성장 시나리오의 경우는 완전히 다른 미래 기후 전망치를 보여줍니다. 가장 빠르게 탄소 배출 저감에도 성공하고 기후변화에도 잘 적응하는 저탄소 지속가능 성장 사회경제 시나리오(SSP1-1.9 시나리오)에서는 많은 기후모델이 1.5도 지구온난화 수준에 도달하는 시점을 2035년 부근으로 전망합니다. 반면, 탄소배출 저감이 잘 이루어지지 않고 기후변화 적응에만 성공적인 화석연료 기반 고탄소 성장 사회경제 시나리오(SSP5-8.5 시나리오)에서는 많은 기후모델이 1.5도 지구온난화 도달 시점을 2030년 혹은 2027년으로 앞당겨 예측합니다. 더 먼 미래(2081-2100년)의 지구온난화 수준은 저탄소 시나리오와 고탄소 시나리오 사이의 차이가 2.6도 수준과 7.0도 수준으로 극명하게 나뉘는 것으로 전망하는 것이죠.

과학자들이 지구환경의 작동원리를 완벽하게 이해하고 있는 것도 아니며, 이론적으로 이해하는 기작을 모두 기후모델에 반영할 수 있는 것도 아닙니다. 그래서 기후모델의 미래 기후 예측 결과는 늘 어느 정도의 불확실성을 가지고 있습니다. 그러나 서로 다른 시나리오에 따른 미래 기후 예측 결과의 차이는 이러한 불확실성의 범위를 넘어설 정도로 뚜렷합니다. 즉, 어느 정도의 불확실성을 감안하더라도 시나리오에 따라 분명히 다르게 전망되는 미래 기후는 뚜렷한 차이를 보인다는 것입니다.

네, 그렇게 볼 수 있는 측면이 있으니 일부 사실이라고도 할 수 있습니다. 그러나 다행히 전부 사실은 아닙니다. 기후변화에 대응이 많이 늦은 것은 분명합니다. 과학자들이 지구온난화와 인위적인 기후변화를 경고한 지는 매우 오래되었음에도 국제 사회에서는 2010년대 후반과 2020년대 초반이 되어서야 비로소 기후변화협약을 통해 온실가스 감축 의무를 강화하고 각국의 탄소중립 선언 움직임을 보이게 되었습니다. 이처럼 기후변화에 대한 대응이 늦을 것을 우려해 발 빠른 대응을 적극적으로 촉구하며 전 세계 곳곳에서 기후위기 비상선언이 잇따르는 상황에서 코로나19 팬데믹을 맞이했지요. 이제 포스트 코로나 시대에 탈 탄소 문명으로의 대전환은 선택이 아니라 필수라 할 것입니다.

그동안 너무나도 안일했던 기후위기 대응 과정을 지켜보며 일각에서는 이미 골든타임이 지나가 버려서 이제부터는 더 이상 어떤 노력을 해도 달라지지 않을 것이라 주장하기도 합니다. 실제로 여러 기후모델이 종합적으로 제시하는 것처럼, 그동안 골든타임을 많이 허비해 버려서 이제는 어떤 탄소배출 시나리오에서도 지구 평균 온도가 산업화 이전 대비 1.5도 상승하는 것을 막을 방법은 없어 보입니다. 즉, 지금부터 아무리 탄소배출량을 급격히 감소시켜도 산업화 이전 대비 지구온난화 1.5도 수준의 상승은 2030~2035년 전후로 발생할 것으로 전망되며, 이것은 기존의 미래 기후 전망치에 비해 10년이나 더 앞당겨진 결과입니다.

그러나 2050년 이후의 더 먼 미래 기후에 대한 기후모델의 예측 결과는 시나리오에 따라 뚜렷한 차이를 보이고 있습니다. 따라서 2100년에 지구를 거주 불능 행성으로 만들게 될 것인지는 여부는 지금 우리의 노력 여하에 달려 있다는 의미입니다. 여러 기후모델의 미래 기후 예측에 대한 종합적인 결론은 지금부터 우리가 탄소배출량을 급격하게 줄이는 적극적인 기후변화 완화 노력을 기울여 이번 세기 중반까지 탄소중립에 도달하는 시나리오에서는 지구온난화 수준이 2도를 넘지 않도록 관리될 수 있다는 것입니다. 반대로, 지금 우리가 포기하여 기후변화 완화 노력보다 적응 노력에만 치우치는 시나리오에서는 지구온난화 수준이 2도 이상 상승하고 골든타임이 완전히 지나가 버리며 디스토피아가 펼쳐질 것입니다. 즉, 아직 골든타임이 완전히 지나간 것은 아니며, 지금부터의 노력 여하에 따라 우리와 미래 세대가 마주하게 될 미래 기후는 너무나도 극명한, 즉 삶과 죽음이라는 차이를 보이게 된다는 뜻입니다.

기후재앙까지 남은 시간
단 3년
- 회복력 상실까지 0.41도

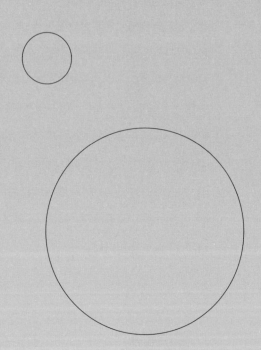

기후재앙까지 우리에게 시간이 얼마나 남아 있나요?

기후재앙, 기후붕괴로 표현되는 디스토피아의 지구가 되기까지 우리에게 남은 시간이 얼마일지는 누구도 정확히 알 수 없습니다. 그러나 과학자들은 기후변화의 **티핑포인트**tipping point가 과연 얼마일지 어느 정도 추정 중입니다. 티핑포인트는 급변점과 같이 갑자기 튀어 오르는 점이라는 뜻입니다. 어떤 현상이 서서히 진행되다가 작은 요인으로 한순간 폭발하는 지점을 지칭합니다. 마치 섭씨 99도의 물이 섭씨 100도가 되는 순간 불과 1도의 차이지만 상태 변화를 통해 수증기가 되어버리는 것과 같이 급속하게 발생하는 엄청난 변화를 의미하지요.

오랜 지구 역사 속에서 빙하기와 간빙기를 거치며 지구 평균 온도가 크게 오르내리는 자연적인 기후변동성을 경험했기 때문에 여러 차례 티핑포인트를 넘었을 것으로 생각했습니다. 하지만 적어도 산업화 이후 인간 활동으로 인위적인 기후변화를 겪고 있는 오늘날에는 아직까지 티핑포인트를 넘지 않은 것으로 여겨집니다. 지구 평균 온도가 산업화 이전에 비해 크게 상승하며 지구온난화 수준이 높아질 때 비로소 티핑포인트에 도달할 것으로 예측됩니다. 이 티핑포인트에 도달하고 난 이후에는 그야말로 골든타임이 완전히 지나가 버리며 다시는 돌이킬 수 없게 되어 파괴적인 재앙으로 치닫게 될 것이므로 이 '마지노선'을 넘지 않도록 잘 대처해야 한다는 것이 과학자들의 오랜 경고였습니다. 이러한 우려에 따라 국제 사회에서는 2015년 파리 기후변화협약 당시 지구온난화 수준을 2도 이하, 가급적 1.5도 이하로 유지할 수 있도록 각국이 온실가스 배출량을 줄이기로 합의했습니다.

그러나 파리 기후변화협약에도 불구하고 각국 정부는 기후 문제에 여전히 소극적인 대처로만 일관하다가 상황을 더욱 악화시켜 2018년 IPCC 총회에서는 아예 목표를 1.5도로 조정해야 했습니다. 2도만 되어도 티핑포인트를 넘어 매우 위험하다는 과학자들의 목소리가 발표되었기 때문입니다. 많은 과학자들은 지구온난화를 돌이킬 수 없게 되는 티핑포인트가 1.5도와 2도 사이에 있을 것으로 보고 있거나 일부는 이미 티핑포인트에 근접한 것으로 보기도 합니다. 즉, 2도가 오르기 전에 수천만 명이 만성 기아에 직면하고 수억 명이 극단적 폭염과 대규모 산불 혹은 반대로 막대한 폭우와 홍수에 시달리게 되며, 물 부족 인구와 환경 난민이 급증하고, 해안 도시 등 지구촌 곳곳이 거주할 수 없는 환경으로 바뀌는 디스토피아가 펼쳐진다는 것입니다.

과학자들은 지구 평균 온도가 현재까지 산업화 이전 대비 1.09도나 오른 상황이며, 1.5도 티핑포인트까지는 불과 0.41도밖에 안 남았다는 경고를 전하고 있습니다. 오랜 지구의 역사에 이처럼 빠른 속도로 지구 평균 온도를 1.09도나 올린 경험도 없을 뿐더러 돌이킬 수 없는 수준 가까이 임박하는 시급한 상황이 되었기 때문에 이제 기후위기 비상 선언이 곳곳에서 잇따르게 된 것입니다. 최근 승인된 IPCC 기후변화 제6차 평가보고서에는 현재와 같은 온실가스 배출량을 유지하는 경우 과거 2018년 〈지구 온난화 1.5도 특별보고서〉에서 전망했던 수치보다 10년 더 앞당겨진, 2020년~2040년 사이에 산업화 이전 대비 1.5도 이상 오르게 될 것으로 전망했습니다.

기후변화 시나리오에 따라 차이는 있지만 2100년과 같은 먼 미래가 아니라 비교적 가까운 미래인 2030년경만 되어도 지구온난화 수준이 1.5도에 도달하는 것을 이제 피할 수 없는 현실로 만든 것이 분명해 보입니다. 인류가 지금부터 아무리 온실가스 배출량을 감축하더라도 단기간에 지구온난화 추세를 바꾸는 것은 불가능하기 때문입니다. 흔히 미세먼지로 불리는 여러 대기 오염 물질이 단기 체류하는 것과는 달리 온실가스는 장기 체류하기 때문에 지금까지 배출한 총 **누적 배출량**을 고려해야만 하지요. 대표적인 온실가스인 이산화탄소는 짧게는 5년, 길게는 200년까지 대기 중에 머무릅니다.

2020년에는 코로나19 팬데믹 여파로 역대급으로 가파른 이산화탄소 배출량 감소를 경험했지만, 지구 평균 온도는 가파르게 상승하여 관측 결과 역대급 연평균 온도를 기록했습니다. 그 이유는 바로 누적된 온실가스 배출량이 줄어들지 않고 있기 때문입니다. 2020년 전 세계 이산화탄소 총배출량은 2019년 연간 총배출량 대비 무려 7% 정도나 감소한 $34GtCO_2$(기가이산화탄소톤)이었지만, 이는 팬데믹으로 인해 일시적으로 줄어든 것입니다. 여전히 대기 중 이산화탄소 농도는 줄어들지 않고 늘어나, 지구온난화 수준은 티핑포인트를 향해 빠르게 치닫는 중으로 거의 분명하게 전망됩니다.

　　현재 지구온난화 1.5도 상승까지 남은 이산화탄소 누적 배출량은 400~650Gt 정도로 생각할 수 있습니다. 만약 400Gt을 국가별 탄소 누적 배출량을 인구 비례로 계산해보면 우리나라에 남은 탄소 배출량은 고작 2Gt에 불과합니다. 국내 연간 탄소배출량이 0.6~0.7Gt 수준임을 감안하면 고작 3년 치밖에 남지 않았음을 뜻하는 것이기도 합니다. 국제사회에서 우리나라에 탄소중립 요구가 거셀 수밖에 없는 이유이기도 합니다. 꼭 국제 사회의 요구가 아니더라도 글로벌 리더 국가로서 탄소중립을 통해 인류의 지속 가능한 발전을 이끌어야 하는 위치에 있는 우리로서는 인류 공멸을 피하기 위한 노력과 책임을 다하는 것이 중요합니다.

인위적인 기후변화의 원인이 대기 중 온실가스 농도 증가에 있는 것이기 때문에 온실가스 농도를 낮추기 위해 탄소배출량은 줄이고 탄소흡수량은 늘리는 노력이 무엇보다도 중요할 것입니다. 기후위기 비상 선언이 곳곳에서 잇따르고 적극적인 기후대응 요구 목소리가 높아지면서 이미 각국 정상들은 2050년경까지 탄소배출량과 탄소흡수량이 동일해지는 탄소중립(넷제로, Net-Zero) 달성을 선언하며 대응 의지를 천명했습니다. 2020년에는 탄소배출량 10위권의 한중일 동아시아 3국도 이번 세기 중반까지 탄소중립 달성 계획을 선언했는데, 이제는 그 달성 여부가 아닌 어떻게 달성할 것인가를 고민해야 하는 시점입니다. 각국 정부는 물론 산업계와 개인의 노력이 반드시 동반되어야 하며, 국가 간 협력도 요구됩니다. 그동안 탄소 의존도를 크게 높이며 산업화 이후 건설해 온 인류의 문명을 탈탄소 문명으로 새롭게 탈바꿈하는 대전환에 가장 주력해야 한다는 의미입니다.

전 세계적인 탈탄소화가 빠르게 진행 중인 가운데, 과거처럼 경제적인 이유로 기후 대응에 소극적으로 임했던 기업이나 정부도 앞으로는 점점 사라지게 될 것으로 보입니다. 이제는 기후 대응에 적극적이지 않으면 경제적으로도 불리해지기 때문이지요. 굳이 ESG가 아니더라도 모든 부문에서 탄소배출량을 급격히 줄이기 위한 노력이 심화하면서 탄소배출권 거래나 RE100처럼 기업 활동 과정에서의 탄소배출량을 줄이지 않으면 고스란히 경제적 피해로 이어지는 것을 피할 수 없게 되었습니다. 여기서 RE100은 기업이 전력 100%를 재생에너지로 충당하겠다는 환경 캠페인입니다. 글로벌 기업들이 RE100에 합류하며 재생에너지를 사용하지 않는 기업과는 거래하지 않겠다고 선언했는데, 국내 재생에너지 발전량이 부족하면 국내 산업의 글로벌 수출경쟁력도 떨어지게 생긴 것입니다.

모든 부문에서 탄소배출량을 급격하게 감소시켜야 하지만 특히 에너지 부문에서의 탄소배출량 감소는 무엇보다도 중요합니다. 석탄화력발전 비중을 줄이며, 재생에너지 비중을 높여야만 합니다. 물론 이 과정에서 당분간은 석탄, 석유에 비해 온실가스와 미세먼지 배출이 적은 천연가스나 안전성 논란이 있는 원자력발전소에 일부 의존해야 할지도 모릅니다. 태양광, 풍력, 조력, 수력, 해수온도차 발전 등 다양한 재생에너지 친환경 발전 노력이 가속화되고 있으나 당장 부족한 전력 수요를 위해서는 재생에너지와 원자력발전, 천연가스를 합리적으로 조절해야 하기 때문입니다.

우선은 석탄화력발전 비중부터 줄이며 원자력과 천연가스는 적절히 사용하여 이를 대체하고, 재생에너지 비중은 빠르게 높여야 합니다.

수송 부문 탄소배출량 감소 역시 중요한데, 신공항 건설 논란도 있지만 탄소배출이 많은 항공 운송보다는 가급적 탄소배출이 적은 철도 운송을 권장해야 하며, 전기차 등의 친환경 미래 모빌리티 기술을 빠르게 발전시켜야 할 것입니다. 전 세계적으로도 특히 코로나19 엔데믹으로 빠르게 증가하는 항공 부문의 탄소배출량을 감소시킬 대책이 필요한 상황입니다. 유럽환경청 자료에 따르면 승객 1명이 1km를 이동할 때 발생하는 탄소배출량은 비행기가 285g으로 가장 많고, 승용차는 104~158g, 버스 68g, 기차 14g으로 같은 거리 이동을 위해 비행기는 기차의 20배 이상 많은 탄소를 배출합니다. 생산, 유통, 폐기의 전 과정에서 발생하는 온실가스를 이산화탄소 기준으로 표현하는 탄소발자국은 또다른 결과를 보여줍니다. 국내에서 개인 1명이 1km 이동 시 승용차가 210g, 비행기가 175g, 버스 27.7g, KTX 열차 22.7g으로 조사되었습니다. 비행기보다도 개인 승용차 이동이 더 많은 탄소배출량을 보여 대중교통의 중요성도 알 수 있습니다.

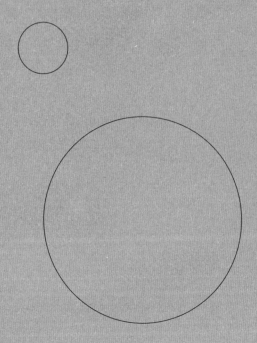

환경 감수성 함양이 필요한 시대

지구를 포기하기엔 아직 너무 이른 때

발전한 사회와 지구환경 보호는 함께 나아갈 수 있다

과학기술이 만든 생태계 파괴, 과학기술로 책임지다

과학에서 출발하는 인간과 지구의 공존 해법

5장

지구를 위한
발걸음

환경 감수성 함양이
필요한 시대

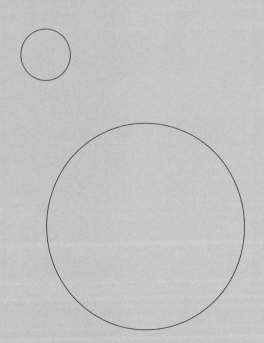

앞으로 지구를 어떻게 지켜낼 수 있을까요?

오늘의 기후위기는 마치 슈퍼히어로 영화에서처럼 누군가 초인적 영웅이 나타나 해결해 주는 것도 아니고, 각국 정부와 기업이 나서주기만을 무작정 기다린다고 해결되는 문제도 아닙니다. 일반 소시민 누구나가 할 수 있으면서도 모두가 참여하지 않으면 해결될 수 없는 문제인 것입니다.

가장 근본적으로는 지구환경에 대한 감수성부터 높여야만 합니다. 지구환경이 인류 활동에 매우 민감하게 반응하는 점을 깨닫고 감수성을 높여 환경 부담을 줄이고 환경 회복에 도움이 되는 방식으로 인류의 모든 활동을 바꾸어야만 하기 때문입니다. 기후위기 문제는 직접적으로 대기 중에 배출하는 탄소배출량을 줄이는 것은 물론 각종 지구환경 오염으로 인해 심각하게 파괴되고 있는 자연생태계를 빠르게 회복하고 탄소 흡수력을 높이는 것도 중요합니다.

현재 인류가 배출하는 탄소배출량의 절반 정도는 육상의 산림

생태계와 해양생태계에서 광합성을 통해 흡수해 줍니다. 우리가 앞으로 탄소배출을 얼마나 줄여야 할지 논할 때 주목할 점은 자연생태계 내에서 얼마나 많은 이산화탄소를 흡수하느냐에 따라 줄여야 하는 탄소배출량이 달라진다는 점입니다. 자연생태계 파괴로 산림과 해양의 광합성이 활발하지 못하게 되면 자연생태계의 이산화탄소 흡수력이 떨어져 우리가 훨씬 더 많은 양의 탄소배출을 감축해야 합니다. 혹은 우리가 아무리 탄소배출을 감축해도 자연생태계 붕괴로 결국 티핑포인트에 도달하는 것을 막을 수 없는 절망적 상황이 발생하기 때문입니다.

화석연료 자동차와 일회용품 등의 사용을 줄이고, 에코 소비를 하며, 쓰레기를 덜 버리자는 이야기는 누구나 할 정도로 머리로는 모두가 잘 알고 있습니다. '이제는 친환경을 넘어 필必환경 시대'라는 이야기도 합니다. 그만큼 자연생태계를 건강하게 유지하기 위한 환경보호가 중요하고 필수적임을 인식하고 있다는 뜻입니다. 그러나 각종 귀찮음과 불편함을 감수하고 피부로 잘 와닿지 않는 지구환경 보호를 위해 적극적으로 행동하고 실천하고 있는 사람들의 비율은 과연 얼마나 될까요?

오늘의 기후 문제와 과학자들이 제시하는 기후변화 시나리오는 공상과학 이야기가 아니라 인류의 과학 지식을 총동원하여 도출한, 가장 가능성이 큰 미래 시나리오입니다. 인류세(人類世), 즉

'인간의 시대'를 살며 전례 없이 누리게 된 자유를 산업화 이후 물질적 성장에만 치중하며 지구환경의 악화를 등한시한 인류에게 책임을 일깨우는 엄중한 경고장인 것입니다. 환경 감수성을 높여 삶 속에서 지구환경에 부담을 최소화하고 자연생태계 복원을 위한 결정을 내리는 개개인이 모일 때, 정부와 기업이 바뀌고, 나아가 국제 사회의 합의를 통해 최소한의 피해로 인류 최대의 위협인 기후위기를 극복할 수 있을 것입니다.

ESG가 기업 경영의 화두로 인식되기 전에도 기업의 사회적 책임을 강조하며 다양한 친환경 사업을 추진하는 기업들이 있었지만, 최근에는 ESG와 함께 환경이 기업 생존에 직결됨을 인식하면서 점점 더 많은 친환경 사업들을 접하게 되었습니다.

스타벅스는 매장에서 플라스틱 빨대를 종이 빨대로 바꾼 이래, 꾸준히 친환경 사업 영역을 찾는 기업입니다. 일회용 컵 없이 보증금과 리유저블 컵을 사용하도록 운영하는 제주 지역 시범 매장부터 시작하여 앞으로 점점 늘어갈 것으로 보입니다. 사용한 컵은 스타벅스 매장이나 제주공항에 설치한 반납기에 넣으면 보증금을 돌려받을 수 있게 되지요. 회수한 컵은 전문 기관의 외관 상태 점검부터 애벌 세척, 소독, 고압 자동 세척, 자연 건조와 UV 살균 건조 단계를 거친 후 재활용됩니다. 스타벅스는 제주 지역 내 모든 매장에서 일회용 컵을 없앨 예정이라고 하는데, 제주 지역 23개 전 매장에서 리유저블 컵을 사용하면 연간 약 500만개의 일회용 컵 사용을 줄일 수 있다고 합니다.

최근 SK이노베이션은 '탄소에서 그린으로Carbon to Green' 전략에 맞춰 저탄소, 친환경 분야에서 협업 가능성이 높은 스타트업 15개 사를 매년 선발하기 위해 중소벤처기업부, 창업진흥원과 함께 친환경 벤처 생태계 조성에 앞장서고 있습니다. 선발된 스타트업들과 전기차 충전 편의, 배터리 진단 솔루션 개발, 폐플라스틱 재활용 등 사업을 같이 추진 중이지요.

친환경 이동 수단의 필요성이 대두되면서 기존 내연기관 자동차의 퇴출 속도는 더 빨라지고 있으며 전기차와 수소전기차 등의 보급 속도는 기하급수적으로 증가하는 중입니다. 기존 내연기관 자동차는 하이브리드 차량 경우에도 엔진이 장착되어 배출가스를 발생시키기 때문에 배출가스를 발생시키지 않는 전기차나 에너지와 물만 배출하는 수소전기차로 갈아타는 사람들이 많기 때문입니다. 그러나 수소전기차에 사용되는 수소는 석유화학 공정이나 철강 등의 생산과정에서 부산물로 발생하는 것을 활용하며, 전기차를 만드는 과정에서의 온실가스 배출도 고려해야 합니다. 또, 만약 전기차에 사용하는 배터리에 저장한 전기에너지가 석탄화력발전소에서 생산한 것이라면 이렇게 발생하는 온실가스 배출도 고려해야만 합니다. 즉, 전기차 등이 진정한 친환경 모빌리티 수단으로 평가받기 위해서는 전기차와 수소전기차의 보급 외에도 그 공급 문제 또한 고려해야만 한다는 의미이지요.

세계 최대 인프라스트럭처 자산운용사인 맥쿼리 그룹은 태양광 에너지 발전소를 개발, 투자하는 스타트업 민간발전사업자 'pvenergy'에 1,000억 원을 투자하고, 국내 태양광 발전 시설에 투자를 시작했습니다. 그리고 SK이노베이션과 산업은행은 캐나다 연방정부와 파력발전 설비 설치를 계약한 국내 친환경 벤처기업 '인진'에 각각 25억 원, 40억 원씩 투자하기로 했습니다. 이와 같은 투자는 바로 전기에너지 생산 방식의 전환을 위한 것이지요. 인진은 캐나다 외에도, 베트남, 프랑스, 모로코, 인도네시아 등에서 파력발전 사업을 추진 중이며, 글로벌 파력발전 시장에서 입지를 구축해 2023년 국내 증권시장에서 기업공개 하는 것을 목표로 하고 있다는 소식입니다.

편의점 CU는 원두에서 커피를 만들고 남은 부산물 찌꺼기를 재활용해서 만든 테이블인 '커피박 덱'을 설치하는데, 소각 시 1톤당 약 338kg의 이산화탄소가 배출되는 일반 생활 폐기물을 친환경 자재로 사용하는 것으로서 이미 유럽 등에서는 상용화되어 있습니다. 커피박 덱은 쪼개짐이나 뒤틀림 같은 변형이 작고 기온과 강수량 등 외부 환경에 대한 내구성도 좋으며, 방향 및 탈취 효과도 있어 편의점 CU는 국내 편의점 업계 최초로 일부 점포에 이를 설치한다고 합니다. 앞으로 가맹점 반응 등을 고려해 설치 매장을 확대할 예정이며, 다른 편의점 업계에도 파급 효과가 있을 것으로 기대됩니다.

중고 거래와 생활 정보 앱인 '당근마켓'은 '우리 동네 친환경 지도' 서비스를 시작했는데, 이용자가 지역 내 익숙한 친환경 사업장 정보를 공유하면 간단한 확인을 거쳐 등록하고 해당 사업장에서 어떻게 환경보호 노력을 해왔는지 모두가 확인할 수 있도록 정보를 공유하는 방식입니다. 다회용기를 환영하는 사업장, 지구환경에 부담을 덜 주는 제품을 만들거나 사용하려고 노력하는 사업장, 적극적인 업사이클을 통해 버려진 물건을 재탄생시키는 사업장, 친환경 포장재나 친환경 농산물을 취급하는 사업장 등 이용자가 자신이 발견한 친환경 사업장을 직접 소개하고 동네 인증 후 등록하는 것입니다. 이러한 정보를 공유하는 이웃은 '동네 환경 지킴이' 활동 배지를 제공한다고 합니다.

2021년 지속가능경영유공 정부포상 시상식에서 ESG의 환경 부문 중소벤처기업부 장관상을 수상한 친환경 세탁 스타트업 '청세'에서는 수백 번 기름을 재사용하는 일반 세탁소의 드리이클리닝과 다른 자체적인 전용 특수 세제와 매회 정제된 물을 활용해 세탁하는 친환경 워터클리닝 공법을 개발했습니다. 이러한 기술력을 바탕으로 투자를 유치하며 스타트업 육성사업에 선정되는 등 환경경영, 지속가능경영에 앞장서고 있습니다.

최근 레고 블록은 친환경 원료 사용에서 한 걸음 더 나아가 폐플라스틱을 활용하는 업사이클 방식으로 생산 중입니다. 매년 전체 품목 중 절반 이상을 신제품으로 출시하는 레고는 2018년부터 식물, 나무, 바이오 연료, 사탕수수 등 식물성 재료를 사용하고 있습니다. 인력과 예산을 투입하여 꾸준히 연구개발에 투자한 결과 3년 만에 1리터 플라스틱 음료수병으로부터 약 10개의 표준 레고 부품을 만들 수 있었습니다. 기존 레고 블록과 잘 호환되면서도 폐플라스틱을 재활용하는 친환경 업사이클링이 부모와 아이들에게 긍정적인 피드백을 받으며 추가적인 검증을 거쳐 이처럼 생산 방식을 친환경으로 바꾼 레고 블록을 판매할 예정이며, 2030년까지 석유 기반의 플라스틱 생산은 완전히 중단할 계획을 소개했습니다.

이처럼 기존 사업 영역에서 친환경 변모하거나 아예 새로운 사업 영역을 개척하며 앞으로 친환경 시장에 진입하는 기업은 ESG와 함께 점점 더 빠른 속도로 늘어날 것입니다.

지구를 포기하기엔
아직 너무 이른 때

지구를 위해 개인은 무엇을 할 수 있을까요?

      오랜 기간 시한부 인생을 살았던 영국의 이론물리학자 스티븐 호킹Stephen William Hawking 박사는 세상을 떠나기 수개월 전, 지구온난화가 돌이킬 수 없는 시점에 근접해 지구를 버리고 떠나라는 이야기를 남기기도 했습니다. 지금은 그 당시보다도 지구환경이 더 악화한 상태인데, 과연 지구를 버리고 떠나야만 할까요?

      일론 머스크Elon Musk 테슬라 최고경영자, 리처드 브랜슨Richard Branson 버진그룹 회장, 제프 베이조스Jeff Bezos 아마존 이사회 의장까지 억만장자들이 최근 경쟁적으로 우주로 날아오르면서 본격적인 민간 우주여행 시대를 열었지만, 여전히 우리는 지구를 버리고 떠날 능력을 갖추지 못한 상태입니다. 그런데 우리가 지구를 버리고 떠날 능력이 생긴다고 하더라도 과연 우리에게 그럴 자격이 있는 것일까요?

      미국과 중국을 중심으로 유인 달 탐사 프로젝트에 나서는가 하면, 일론 머스크가 설립한 우주기업에서는 2050년을 목표로 초

대형 화성 도시 건립 프로젝트를 진행 중이라는 소식도 들리고 있습니다. 하지만 경쟁적인 우주여행이나 제2의 지구와 같은 우주 거주지의 목표도 결국은 지구와 인류를 구하는 것이 되어야 마땅합니다. 지구의 황폐화와 인류의 멸종에 대비해 지구를 탈출하는 대안이 아니라 지구를 구하기 위해 제2의 지구가 필요하게 될 것입니다. 우주여행 후 제프 베이조스는 "결국 인간이 살 수 있는 행성은 태양계에 지구밖에 없음을 깨달았다"라는 소감을 밝혔다고 합니다. 아무리 기술이 발전해도 우리가 살고 있고, 앞으로도 살아가야 할 유일한 행성은 지구이며, 지구를 제대로 보살펴야만 할 책임은 우리에게 있는 것입니다.

지구를 돌보는 일은 그리 거창한 방법만 있는 것이 아닙니다. 우리가 조금만 더 '인간 중심적 사고'에서 벗어나면 됩니다. 모든 생명체를 소중하게 여기며, 지구환경과 자연생태계를 좀 더 생각하고 행동한다면 그리 대단한 노력과 희생 없이도 얼마든지 위기에 놓인 지구를 다시 회복하여 인류가 계속 거주할 수 있는 행성으로 만들 수 있습니다. 그리고 기후위기 극복을 위한 노력은 과학에서부터 출발해야 합니다. 산업화 이후에 배출한 어마어마한 양의 온실가스가 온실효과를 강화하여 지구온난화로 표현되는 심각한 기후위기를 가져왔음을 이해하는 것이 그 시작이죠. 탄소 발자국과 같이 우리가 어떤 행동, 어떤 결정을 할 때, 그 효과가 지구환경을 어떻게 바꾸게 될지, 지구환경과 자연생태계에는 어떤 영향을 미치게 될지…. 결국 우리에게 다시 어떤 파급 효과를 가져오게 될지 조금씩만 더 과학적으로 생각하면 됩니다. 우리 인간 스스로가 인간과 자연, 인간과 지구가 공존할 수 있는 유기적 관계로 관점을 바꾸는 **생태 중심주의**로 전환해야만 지속 가능하다는 것입니다.

기후위기는 더 이상 미래 세대의 문제가 아니라 오늘을 살아가는 지금 우리 세대의 문제입니다. 과학자들의 미래 기후 시나리오는 전 세계가 당장 극단의 조치를 취하지 않으면, 머지않아 티핑포인트를 넘어가며 디스토피아의 미래가 펼쳐질 것을 엄중히 경고하고 있습니다. 기후위기 비상 상황에 처한 인류는 이제 화석연료에 기반해서 세운 오늘날의 문명을 근본적으로 바꾸어야만 살아남을 수 있음을 점점 더 분명하게 깨닫고 있습니다. 일상생활에서 개인의 선택 하나하나가 모여 결국 지구환경과 자연생태계를 계속 심각하게 파괴할 것인지 아니면 건강한 지구로 회복할 것인지를 결정합니다. 똑같은 전기를 사용하지만 생산 방법에 따라 화력 발전소와 청정 재생에너지 발전소가 지구환경에 주는 부담은 너무나도 다른 것처럼, 일상에서 순간순간의 작은 결정들이 모여 지구의 건강과 인류의 운명을 좌우합니다.

이제는 식당에서도 사용된 식재료마다 어디에서 어떻게 누구의 손을 거쳐 온 것인지, 그 과정에서 지구환경에는 얼마만큼의 부담을 준 것인지를 생각하고 음료 하나를 구매할 때도, 물건을 하나 소비할 때도, 쓰레기를 버리는 순간에도 각종 물건을 만드는 과정이나 폐기하는 과정에서 지구에 얼마나 부담을 주는 것인지를 생각할 필요가 있습니다. 소비뿐만 아니라 기업에 투자를 결정할 때에도 과연 어느 기업이 얼마나 지구환경에 덜 부담주며, 인간과 지구의 공존을 위한 기업 활동을 하는지 ESG 지표 등으로 꼼꼼히 평가하여 투자를 결정해야 할 것입니다. 앞으로는 점점 더 많은 사람들이 ESG 지표가 높은 기업에 투자를 늘려갈 것이므로 지구환경을 더 많이 고려하는 방식의 투자가 수익도 더욱 높일 것입니다.

기성세대보다 공감 능력이 더 높은 MZ 세대들은 조금 불편하더라도 지구환경을 생각하는 방향으로 행동하는 기후 공감 수준이 더 높고, 생태 중심주의로의 전환에도 더 적극적으로 보입니다. 전 지구적인 기후 문제를 '나 혼자 애쓴다고 달라지겠어?'라고 생각할 문제가 아니라 '나와 같은 개개인의 일상에서 지구를 살리고 인류를 구하는 결정이 가능하겠구나'라고 생각하는 사람들이 늘어나고 있는 것도 생태 중심주의로의 전환을 낙관하게 합니다. 결국 정부와 기업은 개개인의 선택에 의해 움직이기 때문에 투표권을 행사하고 소비와 투자를 결정하는 개개인이 지구환경 과학에서 출발하여 일상의 기후행동으로 위기의 지구와 우리 스스로를 구할 수 있을 것이라 기대해 봅니다.

기후행동을 위해서는 어떤 마음가짐이 필요하며, 어떻게 실천할 수 있을까요?

기후위기 시계를 설치해서 기후변화 티핑포인트에 이르기까지 남은 시간을 알리는 등 기후위기 비상 상황에 처한 현실과 시급한 대응을 촉구하는 노력은 이제 그레타 툰베리 외에도 수많은 사람들에 의해 현실화했습니다. 이에 따라 기후 문제의 심각성과 시급성에 공감하는 사람들의 수는 기하급수적으로 늘어나는 중입니다. 또, 각국 정부에서 2050년 혹은 2060년까지 탄소중립을 달성하겠다고 선언하고, 기업들은 ESG 경영에 사활을 걸고 있습니다. 점점 더 많은 사람들이 지구환경을 더 고려하는 정부 정책과 기업 경영을 지지하며 투표권, 소비, 투자를 통해 생태 중심주의로의 전환을 가속할 것으로 전망할 수 있는 이유입니다.

산업화 이후 최근까지 이어온, 인간만이 지구상 유일한 생명체인 것처럼 생각하는 인간 중심의 사고에서 이제는 벗어나야 합니다. 포스트코로나의 진정한 21세기에는 20세기 방식을 20여 년이나 연장한 방식이 아니라, 지구환경을 돌보고, 자연생태계 건강을 최우선으로 생각하며 인간과 지구가 공존할 수 있는 해법들을 찾아내야 합니다. 그것이 생태 중심주의로 가는 첫걸음이자 지구를 살리는 유일한 방법일 것입니다. 다른 생명체를 존중하며 공존하려는 마음을 가지는 것이기 때문에 생태학자 최재천 교수가 다윈의 이론을 역사적, 이론적으로 깊이 탐구하며 오래전 새롭게 제시했던 '호모 심비우스Homo Symbious'와 같은 새로운 인간형 추구와도 일맥상통합니다.

코로나19를 비롯해서 더는 물러설 곳이 없을 정도로 심각한 기후위기 비상 상황을 피부로 실감하기 시작한 사람들이 늘어나고 있습니다. 지금이 바로 '호모 심비우스'와 생태 중심주의로의 대전환을 통해 지구의 건강을 제대로 돌보기 시작할 적기입니다. 기후 공감 능력을 바탕으로 다양한 기후행동을 확대하며, 인간과 지구가 공존할 수 있는 새로운 윤리를 만들어야 할 것입니다.

발전한 사회와 지구환경 보호는
함께 나아갈 수 있다

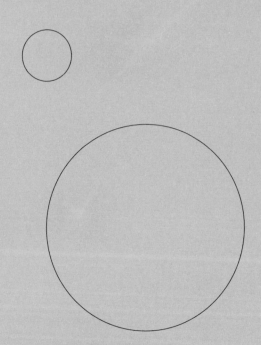

기존의 방식과는 다른 '지속 가능한 발전'을 추구해야 하는 이유가 있을까요?

인간 중심 사고방식으로 산업화 이후 물질 성장을 최우선에 두고 지구환경을 파탄 내며 경제 규모를 무한히 팽창시키려는 방식으로 발전해 온 무한 경제 성장 결과가 바로 오늘의 기후위기, 생태계 파괴, 코로나19, 각종 오염과 자원고갈 등의 현실이라고 할 수 있습니다. 오늘의 지구환경 위기는 산업화 이후 인류의 지구 사용 방식이 전혀 지속 가능한 방식이 아니었음을 여실히 보여주고 있지요. 특히 탄소에 기반하여 이룩한 것이라고 해도 과언이 아닐 정도로 탄소에 크게 의존하고 있는 오늘의 문명은 더 이상 같은 방식으로 지속될 수 없음이 분명합니다. 화석연료에 의존하는 현재의 방식으로는 이미 산업화 대비 1도 이상 오른 지구 평균 온도가 2도 이상 오르기 전에 그 티핑포인트를 넘어서며 디스토피아 미래를 마주할 것이 분명하기 때문입니다.

이미 국제 사회는 2030년까지 **지속 가능한 발전**이 가능한 사회로 전환하기 위한 인류의 최대 목표를 유엔의 지속가능발전목표UN-SDGs:Sustainable Development Goals로 천명했습니다. 이에 따라 기후변화 대응을 포함하여 총 17개의 주목표와 169개의 세부 목표들을 수립했습니다. 나아갈 방향은 분명합니다. 이제 중요한 것은 실질적인 행동이며 지속 가능한 발전을 위한 탈탄소 등의 문명 대전환 의지입니다.

인류가 직면한 지구환경 문제는 식량 및 에너지 문제와도 관련되어 있으며, 과학기술만으로 풀 수 있는 문제가 아니라 불평등 해소 등의 보편적 문제와 사회구조 등의 경제·사회문제도 동시에 해결해야 합니다. 결국 사회적 티핑포인트를 넘기는 문명 대전환 없이는 해결되지 않을 문제입니다. 오늘날 인류는 물, 공기, 토양 등 지구의 생산 및 폐기물 흡수 능력을 훨씬 초과하여 지구의 생태자원을 소비 중입니다. 코로나19와 함께 2020년에는 조금 덜 소비했다지만 그 이후로도 여전히 매년 7~8월이 되면 그해에 주어진 생태자원을 모두 소진하고 미래 세대가 사용해야 할 자원을 훔쳐 와 앞당겨 사용하는 중입니다. 세계 인구의 6분의 1이 전기 사용의 절반을, 에너지의 3분 1을 사용하며, 전 세계 이산화탄소의 3분의 1을 발생시키는 정도입니다. 10%의 인류가 지나치게 소비하는 식량과 연료 때문에 90%의 인류가 생존에 필수적인 자원 부족을 경험하고 있는 셈입니다. 결국 불평등 해소 등의 보편적인 윤리 문제와도 결부됩니다. 지구가 공급하는 생태자원이 부족한 것이 아니라 우리가 나누어 쓰지 못하는 무능에서 문제가 발생함을 깨달아야 합니다.

기후변화 대응에서도 선진국은 더 적극적으로 개도국의 기후변화 대응을 촉구하지만, 중국·인도 등의 개도국은 기후변화에 취약한 빈국 지원이 더 중요하다는 입장 차이를 보입니다. 이들 사이의 가교 역할을 담당하며 기후변화 대응을 선도하려는 우리나라의 향후 역할이 주목되는 부분입니다. 인간과 지구가 조화로움 속에 생명다양성이 넘쳐나게 된 유일한 지질시대인 홀로세에서 그동안 문명을 꽃피울 수 있었던 인류는 산업화 이후 지구환경을 심각하게 훼손 중이며 미래 세대의 거주를 불가능하도록 지구환경을 파괴했습니다. 심각하게 변화한 지구환경의 위기 속에서 새로운 문명으로의 대전환을 시도하며 지구환경과 자연생태계를 살려 지속 가능한 발전 목표를 2030년까지 반드시 달성해야만 하는 이유입니다.

오늘날 왜 인류세 논란이 생기는 것인가요?

'인류세'는 오래전 오존층 연구로 1995년 노벨화학상을 받은 미국 스크립스 해양연구소의 폴 크루첸 교수가 2000년도에 처음 제안한 표현입니다. 그는 2000년에 멕시코에서 열린 지구환경 분야 국제회의에 참석해서 "우리는 이제 홀로세가 아니라 인류세에 살고 있습니다."라고 했습니다. 인류세Anthropocene란 인류를 뜻하는 'anthropos'와 시대를 뜻하는 'cene'의 합성어로 인류에 의해 만들어진 지질시대라는 의미입니다. 즉, 인류가 지구환경을 심하게 바꾸어 기존 지질시대와 구별되는 새로운 지질시대로 구분해야 한다는 것이지요.

오랜 지구의 역사에서 마지막 지질시대인 지금은 신생대 제4기의 마지막, 홀로세Holocene, 沖積世에 해당합니다. 1만 년 이상 오래 지속된 이 지질시대 동안에도 많은 지구환경의 변화를 겪었지만 1950년 이전까지의 변화는 그 이후의 변화에 비할 수 없을 정도로 지난 70여 년간 엄청난 지구환경 및 자연생태계 변화를 겪었기 때문입니다.

크루첸 교수의 제안 이후 〈네이처〉나 〈사이언스〉와 같은 저명 국제학술지에도 인류세는 여러 차례 등장하고, 이제는 일반에도 잘 알려진 개념이 되었습니다. 최근 미국 콜로라도대 연구팀은 국제학술지 〈커뮤니케이션스 지구와 환경〉에 발표한 논문을 통해 인류세가 열렸음을 보이는 구체적 데이터를 제시하기도 했습니다. 총 16가지 항목별로 과거와 현재의 구체적인 지구환경 특징을 비교하는 수치를 열거한 것이지요. 예를 들면, 암모니아 등 반응성 질소의 대기 배출량이 1600년에서 1990년 사이에 250% 증가했고, 대형 댐 대부분이 1950년 이후 건설되면서 총저수량의 95.7%를 차지하여 바다로 흘러가는 퇴적물이 대폭 감소했으며, 오늘날 전 세계 6,400만km의 고속도로 건설에는 약 2,000억 톤의 모래와 자갈이 투입되었다는 것입니다. 또, 대기 중 수은 농도가 산업화 이전 대비 450% 증가한 점, 전 세계 수천 km의 해안선에 모래 이동이 차단되고 연안 습지가 훼손된 점, 플라스틱 생산량이 1950년대 연간 200만 톤에서 현재 3억 5900만 톤으로 급증한 점, 지구상 포유류 생물량의 96%가 사람과 가축, 조류의 70%는 가금류가 차지할 정도로 생물량이 급변한 점 등을 언급했습니다. 그리고 무엇보다도 이산화탄소 배출이 2017년 361억 톤 수준으로 급등했음을 제시하며 지금은 더 이상 홀로세가 아닌 인류세라고 주장했습니다.

지금까지의 모든 지질시대는 자연적인 동력으로 구분했지만, 인류세만은 인간이 주도하여 구분하게 된 지구환경이란 점에서 뚜렷한 차이를 가집니다. 국제지질학 연맹 산하 인류세 워킹그룹AWG에서는 최근 인류세 지정 여부에 대한 투표를 진행했는데, 29명 찬성, 4명 반대로 인류세 지정에 대해 압도적으로 찬성했습니다. 이 투표 결과로 이들은 지질시대를 정의하는 공식 기구인 국제층서위원회에 인류세 지정 공식 제안서를 제출했습니다.

공식적인 인류세 지정 여부와 무관하게 산업화 이후 급속한 속도로 악화한 오늘날의 지구환경에 대한 책임이 우리 인류에게 있음을 부정하는 사람은 이제 거의 없을 것입니다. 그러나 너무 비관적일 필요는 없습니다. 문제를 만든 것도 인류 때문이지만, 해결할 수 있는 것도 결국 우리 인류이기 때문입니다.

과학기술이 만든 생태계 파괴,
과학기술로 책임지다

그러면 지구를 위해 과학기술 발전을 포기해야 할까요?

절대 아닙니다. 기후위기라 부를 정도로 심각하고, 기후비상에 이를 정도로 시급한 지구환경 악화를 가져온 원인이 과학기술의 발전과 산업화라고 해서 앞으로 과학기술 발전을 포기하는 것은 금물입니다. 과학기술 발전에 따른 산업화가 지구환경과 생태계 파괴의 원인을 제공한 것임은 틀림없는 사실입니다. 하지만 왜, 얼마나, 어떻게 지구환경이 파괴되어 인류의 생존을 어떻게 위협하게 된 것인지 현실 인식과 원인 규명, 그리고 앞으로의 대응방법과 지구와의 공존 해법을 찾으려면 어떻게 해야 할지 등의 대응책 마련을 위해서도 과학기술은 절대적으로 필요하기 때문입니다. 과학기술을 포기할 것이 아니라 오히려 앞으로 더욱 과학기술 발전에 의존해야만 할 것으로 보입니다. 지구환경에 대한 이해도를 높이고 그 변화를 정밀하게 진단하며 정확히 예측할 수 있어야만 확실한 대응책을 마련할 수 있기 때문입니다. 즉, 과학기술을 이용하는 방식을 바꾸어 '지속 가능한 방식'으로 발전해야 한다는 것이지 과학기술 발전을 포기하자는 것은 아닙니다.

특히 기후위기에 대응하기 위해 온실가스 배출량을 줄이기 위한 기후변화 완화 노력과 동시에 변화하는 기후에 적응하기 위한 기후변화 적응 노력, 두 방향으로의 노력이 중요합니다. 양쪽 모두 정책적 해법뿐만 아니라 기술적 해법이 중요하게 고려되어야 합니다. 예를 들면, 온실가스 감축 및 처리를 위한 기술 개발을 통해 기후변화에 대응하며 그 영향을 최소화해야만 하는데, 태양광발전, 태양열발전, 풍력발전, 해양에너지발전, 지열에너지발전 등 청정에너지원을 활용하는 기술은 화석연료 사용을 줄이기 위해 우선적으로 고려되는 것들입니다. 에너지 저장장치 기술과 수소자동차 기술 등이 주목 받는 중이며, 에너지 사용량을 인지하며 최신 정보통신 기술로 에너지 관리가 가능한 스마트그리드, 스마트도시, 건축물의 에너지 효율 향상 기술 등이 이러한 노력에 활용될 수 있을 것입니다. 한두 가지 기술만으로 기후위기를 해결하기는 어렵지만 다양한 발전 단계의 여러 기술이 서로 시너지효과를 내며 기후변화 완화 및 적응 노력에 활용되려면 기술 발전은 앞으로도 더더욱 중요할 수밖에 없습니다. 2050년까지 넷제로, 탄소중립을 달성하겠다고 선언한 우리에게도 실질적인 이행을 위해 혁신적 기술개발은 시급하다 할 것입니다.

이것은 기술에만 국한된 것이 아니라 과학에도 그대로 적용됩니다. 과학은 기후위기의 원인을 이해해 온실가스 감축 같은 근본 해법을 찾는 역할뿐만 아니라 기후변화 완화와 적응 정책 수립에 필요한 정보를 지원합니다. 이를 토대로 기후변화 시나리오별 미래 기후를 예측·전망하며 온실가스 배출량과 지구환경의 감시를 위해서도 매우 중요한 역할을 담당합니다. 미래 기후변화와 극한기후를 예측하고 감시하는 기술을 바탕으로 기후 예·경보 체계를 구축하고 극한기후나 기후재앙이 발생하면 어디에서 얼마나 어떤 피해를 어떻게 입게 될 것인지 연구해야 합니다. 그 결과를 예측하고 그 취약성을 평가하여 대비도를 높이기 위해서도 지구환경의 과학적 원리를 이해하는 것은 필수적이기 때문입니다.

결국 지구환경 파괴와 기후위기의 해법을 위해서도 다시 과학기술에 의존하지 않을 수 없습니다. 이러한 현실에서 우리는 인간과 지구의 공존을 위해 어떤 과학기술이 필요한지를 다시 고민하게 되었다고 볼 수 있습니다. 인류 활동에 민감하게 반응하는 지구환경의 과학적 원리를 이해하고 기후위기 비상 상황에 처한 오늘날의 지구환경과 자연생태계를 회복시켜 지속 가능한 방식으로의 대전환을 위해 꼭 필요한 과학기술을 적극적으로 활용해야만 할 것입니다.

기후변화에 대응하지 않고 지금까지와 똑같이 지내면 어떻게 될까요?

조속히 대응하지 않고 과거처럼 소극적으로 대응하며 미루다가는 티핑포인트를 넘어 돌이킬 수 없는 수준으로 기후위기가 심화되는 기후붕괴가 과학적으로 분명하게 예측되기 때문입니다. 온실가스 배출량을 급감시키지 않으면 전 지구적으로 동시다발적인 기상이변이 발생하는 등 기후리스크 증가와 함께 경제적으로 막대한 규모의 피해 비용이 증가하게 될 것입니다. 물론, 자연생태계의 붕괴에 따라 결국 인류의 생존까지 불가능해질 것이기 때문에, '2050년 거주 불능 지구' 같은 경고의 목소리가 힘을 얻는 것입니다. 지금은 더 이상 미룰 수 없는 기후위기 비상 상황으로 협약이나 선언으로만 그치는 것이 아닌 실질적 기후행동이 요구되는 시점입니다.

기후행동과 함께 탈탄소 문명으로의 대전환이 없으면 각종 기상이변이 심화되어 개개인의 건강까지 악화시키고 조기 사망률을 높일 것입니다. 해수면 상승과 극단적인 기상이 일상화되어 지구촌 곳곳의 대규모 자연재해 피해가 속출하고, 식량 안보 위기를 가져오며, 물 부족과 기근에 시달리는 인구와 기후난민 수는 급증할 것입니다. 무엇보다도 인류가 피부로 잘 느끼지는 못해도 절대적으로 의존하고 있는 자연생태계가 심각하게 파괴되어 지구에 더 이상 거주할 수 없게 될 것을 경계해야 합니다. 멸종하는 생물이 많아지며 생물다양성이 급감하면 자연재해에 더욱 취약해지고, 보건 위생 악화와 감염병 충격으로 고통이 가중될 것임을 쉽게 예상할 수 있습니다.

인류의 기후 대응이 이미 많이 늦은 것은 사실이지만 골든타임이 완전히 지나간 것은 아닙니다. 기후모델이 분명하게 예측하는 마지막이 극명히 다른 기후변화 시나리오와 같이 만일 지금부터라도 더는 미루지 않고 굳건한 각오로 기후변화 완화와 기후변화 적응 노력에 임한다면, 2100년까지도 티핑포인트를 넘지 않는 수준에서 인류 공멸이라는 최악의 시나리오를 피할 수 있다는 것입니다. 즉, 적극적인 기후행동만이 지구를, 그리고 인류를 구할 수 있다는 것이지요.

과학에서 출발하는
인간과 지구의 공존 해법

기후공학으로 기후위기를 해결할 수 있을까요?

　　오늘의 과학기술 발달로 지구환경과 생태계 파괴가 가속화된 것은 엄연한 사실이지만, 기후위기의 과학적 실체를 파악하고 그 해결책을 찾는 과정에서도 인류는 과학기술에 절대적으로 의지하지 않을 수 없습니다. 지속 가능한 방식으로 모든 것을 바꾸고 탈탄소 문명으로의 새로운 대전환을 위해 '안전', '생태', '환경' 등의 새로운 '가치'를 부여하는 사회경제적 해법도 중요하겠지만, 인간과 지구의 공존 해법을 찾는 가장 중요한 첫 단추는 과학이 되어야만 합니다. 모든 정책적·기술적·공학적 해법은 왜 기후위기가 발생한 것인지의 원인 진단과 지구환경과 생태계의 건강 상태를 진단하는 과학적 실체로부터 시작될 수 있기 때문입니다. 정확한 원인 파악 없는 처방은 제대로 된 해결책이 되지 못합니다.

　　지구온난화 문제를 풀기 위해 탄소배출을 줄이고 건강한 지구 생태계의 탄소흡수를 높이는 노력은 모두 과학적 진단 결과에 따른 것입니다. 그런데 기후위기가 더 심각해져 티핑포인트에까지 도달하지 않도록 지구온난화 수준을 2도 이하로 유지하려는 노력은 그 속도를 늦추는 것일 뿐 근본적인 해결책이 되기 어렵습니다. 탄소배출을 얼마나 줄일 것인지의 논의는, 마치 욕조를 거의 가득 채우고 있는 물이 넘치지 않도록 콸콸 흘러나오는 수도꼭지를 잠그자는 것과 같은 해법인데, 얼마나 꽉 잠가야 할 것인가의 논의에 해당할 뿐, 욕조의 배수구를 열어 수위를 낮추는 것과 같은 근본적인 해결책에 대한 논의는 아닙니다.

그러면 지구온난화를 근본적으로 막을 방법은 없을까요? 국제 사회의 탄소배출 감축 이행이 잘 실현되지 않거나 그 수준이 충분하지 못해 만약 지구온난화 수준이 결국 티핑포인트를 넘으면 인류는 속수무책으로 공멸 시나리오에 진입해야만 하는 것일까요? 이러한 최악의 가능성도 고려하지 않을 수 없기에 최근에는 **기후공학**climate engineering 혹은 **지구공학**geo-engineering 논의가 뜨겁습니다. 지구의 건강 상태가 결국 탄소배출 감축과 같은 투약만으로 회복되지 않을 때 극약처방 혹은 대규모 수술을 통해서라도 공멸을 피해야만 할 것이기 때문입니다. 우주에 반사판을 설치하거나 성층권에 에어로졸을 강제로 주입하여 지구로 들어오는 태양 복사에너지를 더 많이 반사시켜 지구로 들어오는 복사에너지를 줄이는 아이디어부터, 바다에 미세한 기포를 만들어 태양 복사에너지를 해표면에서 더 많이 반사되도록 하거나 바다에 대형 파이프를 수천 개 띄워서 인공적으로 심층 해수를 용승시켜 식물성 플랑크톤의 광합성을 유도함으로써 대기 중 이산하

탄소를 대량으로 흡수하게 하는 아이디어에 이르기까지 다양한 기후공학적 논의가 이루어지고 있습니다.

그러나 이러한 기후공학적 접근은 영화 〈설국열차〉의 설국이 도래하는 설정에서처럼 인류 전체를 더 큰 위험에 빠뜨릴 수도 있으므로 그 부작용 우려 또한 매우 크며, 반드시 부작용에 대한 과학적 검토가 사전에 면밀하게 이루어져야만 할 것입니다. 지구 생태계를 인위적으로 조작하려는 시도에 대한 부작용은 다양한 방식으로 나타날 수 있습니다. 부작용 때문에 가역적으로나 비가역적으로나 심각하게 지구환경을 파괴할 수도 있어서 만일 면밀한 과학적 검토 없이 공학적 처방을 우선하는 것은 마치 충분한 임상실험 없이 개발한 신약을 투여하거나 정밀 진단 검사 없이 수술대에 오르는 것처럼 위험합니다.

유효한 해법이 될지 여전히 미지수인 기후공학적 극약처방까지 필요로 하게 될 것인가 여부는 결국 지금부터 인류가 탄소배출 감축 등 문명 대전환이라는 투약을 통해 지구의 건강을 얼마나 회복할 것인지에 달려있습니다. 사회적 티핑포인트를 넘어설 정도의 인류사적 대전환 없이는 기후위기 비상상황에 처한 지구환경의 암울한 미래가 점점 더 또렷해질 것입니다. 반드시 다가올 미래에 대한 과학적 진단을 바탕으로 미래를 바꾸는 오늘의 선택이 중요한 시점이라 할 것입니다.

과학자의 돋보기

기후공학·지구공학에 관심 있는 학생은 앞으로 어떤 공부를 하면 도움이 될까요?

지구환경의 과학적 작동원리를 잘 이해하고 있어야 다양한 기후공학적 해법을 찾을 수 있기 때문에 자연과학에서 출발하는 것은 가장 중요합니다. 물론 전기, 전자, 기계, 통신, 화학공학, 생명공학, 환경공학 등의 여러 공학 기술 자체도 공부해야 하겠지만 이를 지구환경에 적용하기 위해서는 먼저 하늘과 땅과 바다로 구성된 지구환경 자체에 대해 지구과학적 이해가 필수입니다. 즉, 해양학, 기상학, 지질학으로 구성되는 지구환경과학 연구가 가장 근본이라는 뜻이지요. 여기에 특정 공학 기술을 연구하여 적용하는 것이므로 과학과 공학의 융합적 접근이 요구됩니다.

지구환경과학은 여러 기후공학적 아이디어를 적용했을 때 과연 지구환경에 어떤 영향을 미치는지 연구하기 위해서도 필수적입니다. 예를 들면, 영화 〈설국열차〉에서와 같이 성층권에 이산화황을 살포했을 때 태양 복사에너지가 얼마나 차단되며 지구온난화를 얼마나 완화할 것인가에 대한 연구뿐만 아니라 구름을 얼마나 더 많이 생성하고 강수량이 얼마나 증가할 것인가에 대한 연구도 필요하다는 의미입니다. 기후공학의 부작용에 대한 면밀한 검토 없이는 치명적인 부작용으로 인류를 더 큰 위협에 빠뜨릴 수 있음을 반드시 잊지 않아야 할 것입니다.

그런데, 과연 기후공학을 위해 지구환경과학, 그리고 여러 개별 공학 기술들만 공부하면 되는 것일까요? 인문학이나 사회과학을 공부하는 것은 전혀 도움이 되지 않는 것일까요? 리차드 파인먼Richard Feynman교수는 자연과학과 사회과학의 융합을 강조했는데, 그의 이름을 따서 자연과학과 사회과학의 경계를 '파인먼 경계'라고 합니다. 지구환경의 위기 속에서 인류와 지구의 공존 해법을 모색하는 포스트코로나 세상은 이 파인먼 경계를 넘나드는 인재가 요구되는 시대입니다.

각종 기상이변 등 자연재해 피해가 속출할 때, 그 원인 규명을 위해서는 자연과학적 접근이 필요하지만 그 피해는 고스란히 사회과학적입니다. 동일 폭염이 발생해도 폭염에 취약한 사회보다는 그 대비 수준이 높은 사회에서 피해를 최소화할 수 있지요. 자연재해 대비 수준을 높이기 위해서는 기술적·공학적 해법뿐만 아니라 다양한 정책적 해법도 필요하며, 이것이 바로 인문학적·사회과학적 접근이 동시에 요구되는 이유입니다. 지구환경 변화의 원인을 이해하고 미래 지구환경에 대한 예측과 감시를 강화하는 자연과학적 노력에 더하여 지구환경 변화로 인한 피해를 줄이기 위한 각종 신기술 개발과 같이 공학적인 노력, 재난안전·환경 교육과 각종 관련 정책 마련과 같이 인문학적 노력 등의 융복합적 접근이 점점 더 중요해질 것입니다.

교육학적인 방면으로는 최근 여러 대학에서 새로 교육과정을 개설하고 있는 ESG와 지속가능성sustainability 교육에 대해서도 생각해 볼 필요가 있습니다. 문과와 이과를 구분하고 주어진 문제의 답을 찾는 입시 위주의 교육으로는 향후 급변하는 환경적, 사회적 문제에 대응하기 위한 책임 의식과 새로운 가치 창출 능력을 배양하기엔 한계가 있습니다. 그보다는 분석적 사고, 독창성, 비판적 사고, 사회적 영향력과 통합적 문제해결 능력 등을 통해 다양성과 창의성을 높이는 교육이 중요합니다. ESG와 지속가능성 교육은 이런 면에서 미래에 요구되는 핵심 역량을 육성하며 사회통합에도 기여하는 대안으로 주목받고 있습니다. 지식보다는 세계시민으로서 가치, 행동과 삶의 방식에 초점을 맞춘 교육으로 과감한 교육 혁신도 이루어져야만 지구환경문제를 슬기롭게 극복하며 2050년 이후에도 지속 가능한 발전이 가능할 것입니다.

에필로그

이 책은 과학책이지만 기후변화와 지구환경에 대한 과학적 사실 그 자체보다는 과학적으로 전망되는 분명한 미래에 대한 메시지 전달에 더 주력하고자 했다. 인류는 산업화를 거치며 그동안 지속 불가능한 방식으로 오로지 물질적 성장만을 위해 지구를 희생양으로 삼아 왔다. 그 결과가 바로 지구환경의 위기이자 바로 인류의 위기이다. 이제는 너무나 심각한 수준에 이르렀기 때문에 시급하게 해결하지 않으면, 코로나바이러스 팬데믹은 단지 서막에 불과할 정도로 끔찍한 디스토피아가 펼쳐지며 인류의 생존을 위협할 전망에 과학자들의 우려가 크다.

비록 암울한 미래를 전망하는 목소리가 점점 더 높아지고, 전 세계적인 팬데믹도 경험하며 이 현실을 피부로 느끼는 사람들이 늘고 있지만 기후위기 비상 상황의 지구환경 현실과 과학적 실체를 제대로 이해하는 사람들은 여전히 많지 않다. 불편한 진실을 외면하고 싶은 마음이 크지만, 그럼에도 불구하고 반드시 그 과학적 실체를 알아야만 하고 제대로 된 해법을 찾아내야만 하며, 원인을 진단하는 것도 그 해법을 찾는 첫걸음도 모두 과학이기에 다시 글을 쓰게 되었다.

과학으로 전망되는 미래는 분명 비관적이지만 항상 미래는 오늘을 사는 우리에게 달린 것이니 새로운 미래를 열기로 결심하고 행동한다면 인류에게 주어진 이번 마지막 기회를 포기하지 않고 반드시 지구에서의 번영을 지속할 수 있을 것이다.

나는 기후위기에 대해 얼마나 알고 있을까?

1. 기상과 기후의 차이점에 대해 정확히 알고 있다. ○ YES □ NO

2. 태양 복사에너지와 지구 복사에너지가 어떻게 다른지 ○ YES □ NO
   구별할 수 있다.

3. 이산화탄소와 같은 온실가스 농도가 어떻게 변화하고 ○ YES □ NO
   있는지 알고 있다.

4. 킬링 곡선이 뜻하는 바를 알고 있다. ○ YES □ NO

5. 에어로졸이 기후에 미치는 영향을 말할 수 있다. ○ YES □ NO

6. 자연적 기후변동성과 인위적 기후변화를 구별할 수 있다. ○ YES □ NO

7. 하키스틱 곡선을 이해하고 있다. ○ YES □ NO

8. 대기를 구성하는 4개 권역과 고도에 따라 기온 구조가 ○ YES □ NO
   어떻게 변하는지 알고 있다.

9. 무역풍, 편서풍, 편동풍과 대기 대순환 셀을 이해하고 ○ YES □ NO
   있다.

10. 계절풍과 해륙풍을 알고 있다. ○ YES □ NO

11. 해양 내부 해수 생성을 이해하고 있다. ○ YES □ NO

12. 해빙–알베도 되먹임을 알고 있다. ○ YES □ NO

13. 극 소용돌이, 북극진동에 따른 북반구 중위도 한파를 ○ YES □ NO
이해하고 있다.

14. 해수면 상승 속도가 가속화 중임을 알고 있다. ○ YES □ NO

15. 해수면이 상승하여 피해 규모가 증폭되는 이유를 알고 ○ YES □ NO
있다.

16. 해양산성화의 원인과 그 해양생태계 영향을 정확히 이 ○ YES □ NO
해하고 있다.

17. 각종 기상이변이 기후변화와 무관하지 않음을 알고 있다. ○ YES □ NO

18. 자연재해가 어떻게 심화하는지 이해하고 있다. ○ YES □ NO

19. 빙하가 어떻게 사라지는지 말할 수 있다. ○ YES □ NO

20. 생물다양성이 중요한 이유를 설명할 수 있다. ○ YES □ NO

21. 미래 기후를 예측하는 방법을 알고 있다. ○ YES □ NO

22. 기후변화로 전 지구적 물 부족과 식량난이 가중됨을 알 ○ YES □ NO
고 있다.

23. 기후난민과 감염병이 발생할 수 있는 이유를 이해하고 ○ YES □ NO
있다.

24. 기후변화때문에 전쟁이 발발할 수 있다. ○ YES □ NO

25. 소극적으로 대응할수록 기후비용이 급증한다. ○ YES □ NO

26. 2030년경 1.5도 티핑포인트에 이를 것으로 전망됨을 알 ○ YES □ NO
고 있다.

27. 지구온난화를 기후공학적으로 대비할 경우 오히려 위험 ○ YES □ NO
한 이유를 이해하고 있다.

반드시 다가올 미래

초판 1쇄 발행 2022년 12월 14일
초판 3쇄 발행 2023년 11월 28일

지은이 남성현
펴낸이 박영미
펴낸곳 포르체

출판신고 2020년 7월 20일 제2020-000103호
전 화 02-6083-0128 | **팩 스** 02-6008-0126
이메일 porchetogo@gmail.com
포스트 m.post.naver.com/porche_book
인스타그램 www.instagram.com/porche_book

ⓒ 남성현(저작권자와 맺은 특약에 따라 검인을 생략합니다.)
ISBN 979-11-92730-10-3 03450

여러분의 소중한 원고를 보내주세요.
porchetogo@gmail.com